21 世纪高职高专教材·计算机系列

AutoCAD 2024 室内装饰制图项目化教程

主　编　王　芳
副主编　白士杰　程牧歌
参编者　侯卫群　于昕言

刮开涂层，使用微信扫码，即可获取本书配套教学资源。
注意：本书使用"一书一码"版权保护技术，该二维码仅可扫描并绑定一次。

清华大学出版社
北京交通大学出版社
·北京·

内 容 简 介

本书主要讲述使用 AutoCAD 2024 绘制室内装饰图的基本思路和具体方法。全书由浅入深、循序渐进，通过一系列实例，讲解利用 AutoCAD 绘制室内装饰图必需的基本知识，通过绘制一套完整的住宅楼原始平面图、平面布置图、地面材料图、顶棚布置图和电视背景墙立面图，讲解 AutoCAD 2024 绘图的方法。

全书共 12 个项目，项目 1 为室内装饰设计概述，项目 2 为 AutoCAD 2024 基本操作，项目 3 至项目 7 分别利用实例介绍了二维绘图命令、二维图形编辑、精确绘图、文字和表格及工程标注等知识，项目 8 至项目 12 详细讲述了住宅楼原始平面图、平面布置图、地面材料图、顶棚布置图和电视背景墙立面图的绘制方法与打印操作等知识。

本书努力体现快速而高效的学习方法，力争突出专业性、实用性和可操作性，非常适合 AutoCAD 的初、中级读者阅读，是建筑行业人员和建筑专业学生学习 AutoCAD 制图不可多得的一本好书。

图书在版编目（CIP）数据

AutoCAD 2024 室内装饰制图项目化教程/王芳主编．—北京：北京交通大学出版社：清华大学出版社，2024.6

ISBN 978-7-5121-5210-6

Ⅰ．①A…　Ⅱ．①王…　Ⅲ．①室内装饰设计-计算机辅助设计-AutoCAD 软件-教材

Ⅳ．①TU238.2-39

中国国家版本馆 CIP 数据核字（2024）第 084059 号

AutoCAD 2024 室内装饰制图项目化教程
AutoCAD 2024 SHINEI ZHUANGSHI ZHITU XIANGMUHUA JIAOCHENG

责任编辑：严慧明

出版发行：清华大学出版社　　邮编：100084　电话：010-62776969　http://www.tup.com.cn
　　　　　北京交通大学出版社　邮编：100044　电话：010-51686414　http://www.bjtup.com.cn

印 刷 者：北京时代华都印刷有限公司

经　　销：全国新华书店

开　　本：185 mm×260 mm　印张：16.75　字数：419 千字

版 印 次：2024 年 6 月第 1 版　　2024 年 6 月第 1 次印刷

定　　价：49.90 元

本书如有质量问题，请向北京交通大学出版社质监组反映。对您的意见和批评，我们表示欢迎和感谢。
投诉电话：010-51686043，51686008；传真：010-62225406；E-mail：press@bjtu.edu.cn。

前　　言

AutoCAD 是建筑工程设计领域最流行的计算机辅助设计软件，具有功能强大、操作简单、易于掌握、体系结构开放等优点，使用它可极大地提高绘图效率、缩短设计周期、提高图纸的质量。熟练使用 AutoCAD 绘图已成为建筑设计人员必备的职业技能。

AutoCAD 2024 中文版是 AutoCAD 的最新版本，它贯彻了 Autodesk 公司用户至上的思想，与以前的版本相比，在性能和功能两方面都有较大的增强和改进。

利用 AutoCAD 绘制室内装饰制图，不仅需要掌握 AutoCAD 绘图知识，还必须掌握室内装饰设计的相关要求，而快速、高效的学习方法就是在用中学。本书在编写过程中，力争体现这种思想，突出专业性、实用性和可操作性，通过各种制图实例的详细讲解，不但使读者能掌握 AutoCAD 的基本命令，同时也能掌握用 AutoCAD 进行室内装饰设计的基本过程和方法。读者在阅读本书时，只要按照书中的实例一步一步做下去，就可以在很短的时间内，快速掌握用 AutoCAD 进行室内装饰设计的技能。

本书各项目的主要内容如下。

项目 1：室内装饰设计概述，主要包括室内装饰设计特点、分类、方法、工作程序、人体工程学的基本知识和室内装饰制图的基本知识等。

项目 2：AutoCAD 2024 基本操作，主要包括 AutoCAD 2024 的启动与退出方法、界面简介、AutoCAD 文件的新建、打开和保存的方法、数据的输入方法、图形界限和单位的设置、图层的设置、视图的显示控制、选择对象的方法和对象捕捉工具等。

项目 3：通过实例讲解各种二维基本绘图命令的使用方法和技巧。如通过茶几平面图实例讲解直线命令，通过餐桌立面图实例讲解矩形命令等。

项目 4：通过实例讲解二维图形编辑命令的使用方法和技巧。如通过洗手盆平面图实例讲解复制命令和偏移命令，通过浴缸平面图实例讲解圆角命令等。

项目 5：通过实例讲解正交、极轴、对象捕捉和对象追踪等命令的使用方法和技巧，以实现精确绘图。

项目 6：通过实例讲解文字和表格的使用方法和技巧。如文字样式的创建、单行文字和多行文字实例、创建表格实例等。

项目 7：讲解标注样式实例及常用标注命令实例。

项目 8：以原始平面图为例，讲解室内装饰设计中的原始平面图的绘制方法和技巧。

项目 9：以平面布置图为例，讲解平面布置图的绘制方法和技巧。

项目 10：以地面材料图为例，讲解地面材料图的绘制方法和技巧。

项目 11：以顶棚布置图为例，讲解顶棚布置图的绘制方法和技巧。

项目 12：以电视背景墙立面图为例，讲解室内装饰立面图的绘制方法和技巧。

本书各项目安排合理，知识讲解循序渐进，在内容组织上注重实用性，突出可操作性，知识讲解深入浅出，具有较宽的专业适用面。本书每个实例后都有实例小结，每个项目后均附有思考题与练习题，这既便于教学，也有利于自学。本书既适合于有关院校建筑类专业的师生作为教材，也可作为从事室内装饰设计或其他建筑行业设计人员自学 AutoCAD 的参考书。

　　本书由辽宁建筑职业学院王芳任主编，白士杰和程牧歌任副主编，侯卫群和于昕言参编。各项目编写分工为：王芳编写项目 2、3、11，白士杰编写项目 4、5、10，程牧歌编写项目 6、7、12，侯卫群编写项目 8、9，于昕言编写项目 1。

编者

2024 年 3 月

扫码免费下载
教学课件

目　　录

项目 1 室内装饰设计概述

任务 1.1 室内装饰设计基础

室内设计是涉及众多学科的一项复杂的艺术创造过程，它的目的很明确，即在各种条件的限制内协调人和与之相适应的空间的合理性，以使其设计结果能够影响和改变人的生活状态。

由于人们长时间生活、活动于室内，因此现代室内设计，或称室内环境设计，主要体现环境设计中和人们关系最为密切的环节。室内设计的总体，包括艺术风格，从宏观来看，往往能从一个侧面反映相应时期社会物质和精神生活的特征。室内设计从设计构思、施工工艺、装饰材料到内部设施，必须和社会当时的物质生产水平、社会文化和精神生活状况联系在一起。

子任务 1.1.1 室内装饰设计的含义和特点

室内设计是根据建筑空间的使用性质、所处环境和相应标准，运用物质技术手段和建筑美学原理，以满足人的物质与精神需求为目的而进行的空间创造活动。建筑师戴念慈先生曾说过：室内设计的本质是空间设计，室内设计就是对室内空间的物质技术处理和美化。这一空间环境既具有使用价值，同时也反映了历史文脉、建筑风格、环境气氛等精神因素。室内设计是一门综合性学科，它涉及的范围非常广泛，包括声学、力学、光学、美学、哲学、心理学和色彩学等知识。室内设计的特点如下：

（1）室内设计的设计宗旨是"以人为本"；

（2）室内设计是工程技术与艺术的结合；

（3）室内设计是一门可持续发展的学科。

子任务 1.1.2 室内装饰设计的分类

室内设计从功能设计角度分类有如下几类。

1. 住宅空间

从别墅和豪宅到小屋和公寓都属于住宅空间。

2. 商业空间

从大型的百货商店、综合超市、购物中心、专业店到小型的专卖店等空间场所都属于商业空间。

3. 办公空间

所有与工作相关的空间，从大的集团总部、银行设施到小的办公室都属于办公空间。

4. 餐饮娱乐空间

所有饮食场所，包括酒吧休息室、夜总会、KTV 和其他的娱乐场所，以及机场休息室等都属于餐饮娱乐空间。

5. 酒店（俱乐部）空间

所有与宾馆酒店相关的设施，包括大堂、出入口通道和单人客房或套房等。俱乐部类型中所有的会所俱乐部设施，包括度假村、高尔夫和乡村俱乐部、游艇俱乐部等。

6. 展示空间

用以展示和推广产品或服务的场所，包括展览看台，以及在博物馆、画廊和公共空间里的展示陈列等。它们都是在吸引公众的注意力并将之聚焦到展出的产品上。

7. 文化空间

这个类别包括学校、教堂、公共空间等。内部的环境为特定的目的和人群使用而非为一般普通人使用。

8. 特殊空间

包括交通、医疗等，如火车站、机场、医院等，其特殊用途和特性决定了设计的特殊性。

子任务 1.1.3　室内装饰设计的方法

1. 大处着眼、细处着手，总体与细部深入推敲

大处着眼是室内设计应考虑的基本观点。这样，在设计时思考问题和着手设计的起点就高，有一个设计的全局观念。细处着手是指具体进行设计时，必须根据室内的使用性质，深入调查、收集信息，掌握必要的资料和数据，从最基本的人体尺度、人流动线、活动范围和特点、家具与设备等的尺寸和使用它们必需的空间等着手。

2. 从里到外、从外到里，局部与整体协调统一

建筑师依可尼可夫曾说："任何建筑创作，应是内部构成因素和外部联系之间相互作用的结果，也就是'从里到外''从外到里'。"

室内环境的"里"，以及和这一室内环境连接的其他室内环境，以至建筑室外环境的"外"，它们之间有着相互依存的密切关系，设计时需要从里到外、从外到里多次反复协调，务必使其更趋完善合理。室内环境需要与建筑整体的性质、标准、风格，与室外环境相协调统一。

3. 意在笔先或笔意同步，立意与表达并重

意在笔先指创作绘画时必须先有立意，即深思熟虑，有了想法后再动笔，也就是说，设计的构思、立意至关重要。可以说，一项设计，没有立意就等于没有灵魂，设计的难度也往往在于要有一个好的构思。具体设计时意在笔先固然好，但是一个较为成熟的构思往往需要足够的信息量，有商讨和思考的时间，因此也可以边动笔边构思，即所谓笔意同步，在设计前期和出方案过程中使立意、构思逐步明确，但关键仍然是要有一个好的构思。

对于室内设计来说，正确、完整，又有表现力地表达出室内环境设计的构思和意图，使建设者和评审人员能够通过图纸、模型、说明等，全面地了解设计意图，也是非常重要的。在设计投标竞争中，图纸质量的完整、精确、优美是第一关，因为在设计中，形象毕竟是很重要的一个方面，而图纸表达则是设计者的语言，一个优秀的室内设计的内涵和表达也应该是统一的。

子任务 1.1.4　室内装饰设计的工作程序

室内设计根据设计的进程，通常可以分为四个阶段，即设计准备阶段、方案设计阶段、施工图设计阶段和设计实施阶段。

1. 设计准备阶段

设计准备阶段主要是接受委托任务书，签订合同，或者根据标书要求参加投标；明确设计期限并制订设计计划进度安排，考虑各有关工种的配合与协调；明确设计任务和要求，如室内设计任务的使用性质、功能特点、设计规模、等级标准、总造价，根据任务的使用性质所需创造的室内环境氛围、文化内涵或艺术风格等，熟悉设计有关的规范和定额标准，收集分析必要的资料和信息，包括对现场的调查踏勘及对同类型实例的参观等。在签订合同或制定投标文件时，还包括设计进度安排、设计费率标准，后者即室内设计收取业主设计费占室内装饰总投入资金的百分比。

2. 方案设计阶段

方案设计阶段是在设计准备阶段的基础上，进一步收集、分析、运用与设计任务有关的资料与信息，构思立意，进行初步方案设计，深入设计，进行方案的分析与比较。确定初步设计方案，提供设计文件。室内初步方案的文件通常包括：

（1）平面图，常用比例 1:50、1:100；

（2）室内立面展开图，常用比例 1:20、1:50；

（3）平顶图或仰视图，常用比例 1:50、1:100；

（4）室内透视图；

（5）室内装饰材料实样版面；

（6）设计意图说明和造价概算。

初步设计方案需经审定后，方可进行施工图设计。

3. 施工图设计阶段

施工图设计阶段需要补充施工所必要的有关平面布置、室内立面和顶棚等图纸，还需包括构造节点详细、细部大样图以及设备管线图，编制施工说明和造价预算。

4. 设计实施阶段

设计实施阶段即工程的施工阶段。室内工程在施工前，设计人员应向施工单位进行设计意图说明及图纸的技术交底；工程施工期间需按图纸要求核对施工实况，有时还需根据现场实况提出对图纸的局部修改或补充意见；施工结束时，会同质检部门和建设单位进行工程验收。

为了使设计取得预期效果，室内设计人员必须抓好设计各阶段的环节，充分重视设计、施工、材料、设备等各个方面，并熟悉、重视与原建筑物的建筑设计、设施设计的衔接，同时还须协调好与建设单位和施工单位之间的相互关系，在设计意图和构思方面充分沟通并达成共识，以期取得理想的设计工程成果。

子任务 1.1.5　室内装饰设计的要素

1. 空间要素

空间的合理化并给人们以美的感受是设计的基本任务。要勇于探索时代、技术赋予空间的新形象，不要拘泥于过去形成的空间形象。

2. 色彩要素

室内色彩除对视觉环境产生影响外，还直接影响人们的情绪、心理。科学的用色有利于工作，有助于健康。色彩处理得当既能符合功能要求，又能取得美的效果。室内色彩除了必须遵守一般的色彩规律外，还随着时代审美观的变化而有所不同。

3. 光影要素

人类喜爱大自然的美景，常常把阳光直接引入室内，以消除室内的黑暗感和封闭感，特别是顶光和柔和的散射光，使室内空间更为亲切自然。光影的变换，使室内更加丰富多彩，给人以多种感受。

4. 装饰要素

室内整体空间中不可缺少的如柱子、墙面等建筑构件，需结合功能需要加以装饰，以构成完美的室内环境。充分利用不同装饰材料的质地特征，可以获得千变万化和不同风格的室内艺术效果，同时还能体现地区的历史文化特征。

5. 陈设要素

室内家具、地毯、窗帘等，均为生活必需品，其造型往往具有陈设特征，大多数起着装饰作用。实用和装饰二者应互相协调，要求功能和形式统一而有变化，使室内空间舒适得体，富有个性。

6. 绿化要素

室内设计中，绿化已成为改善室内环境的重要手段，利用绿化和小品对沟通室内外环境、扩大室内空间感及美化空间均起着积极作用。

子任务 1.1.6　室内装饰设计的基本原则

1. 室内装饰设计要满足使用功能的要求

室内设计是以创造良好的室内空间环境为宗旨，把满足人们在室内进行生产、生活、工作、休息的要求置于首位，在室内设计时要充分考虑使用功能的要求，使室内环境合理化、舒适化、科学化；要考虑人们的活动规律，处理好空间关系、空间尺寸和空间比例；合理配置陈设与家具，妥善解决室内通风、采光与照明，注意室内色调的总体效果。

2. 室内装饰设计要满足精神功能的要求

室内设计在考虑使用功能要求的同时，还必须考虑精神功能的要求。室内设计的精神要求影响人们的情感，乃至影响人们的意志和行动，所以要研究人们的认识特征和规律，研究人的情感与意志，研究人和环境的相互作用。设计者要运用各种理论和手段影响人的情感，使其升华而达到预期的设计效果。室内环境如果能突出地表明某种构思和意境，那么，它将会产生强烈的艺术感染力，更好地发挥其在精神功能方面的作用。

3. 室内装饰设计要满足现代技术的要求

建筑空间的创新和结构造型的创新有着密切的联系，二者应取得协调统一，充分考虑结构造型中美的形象，把艺术和技术融合在一起。这就要求室内设计者必须具备必要的结构类型知识，熟悉和掌握结构体系的性能、特点。现代室内装饰设计，它置身于现代科学技术的范畴之中，要使室内设计更好地满足精神功能的要求，就必须最大限度地利用现代科学技术的最新成果。

4. 室内装饰设计要符合地区特点与民族风格的要求

由于人们所处的地区、地理气候条件的差异，各民族生活习惯与文化传统的不同，在建筑风格上确实存在很大的差别。我国是多民族的国家，各个民族的地区特点、民族性格、风俗习惯及文化素养等因素的差异，使室内装饰设计的要求也有所不同。设计中要有各自不同的风格和特点，要体现民族和地区特点以唤起人们的民族自尊心和自信心。

子任务 1.1.7 室内装饰设计的设计要点

室内空间是由地面、墙面和顶面围合而成的。室内装饰的目的是创造适用、美观的室内环境，室内空间的地面和墙面是衬托人、家具和陈设的背景，而顶面的差异使室内空间更富有变化。

1. 楼地面装饰

楼地面和人接触较多，视距又近，而且处于动态变化中，是室内装饰的重要因素之一，设计中要满足以下几个原则。

1）楼地面要和整体环境协调一致，取长补短，衬托气氛

从空间的总体效果来看，楼地面要和顶棚、墙面装饰协调配合，要和室内家具、陈设等相互衬托。

2）注意地面图案的分划、色彩和质地特征

地面图案设计大致可分为三种情况：第一种是强调图案本身的独立完整性，如会议室，采用内聚性的图案，以显示会议的重要性，色彩要和会议空间相协调，取得安静、聚精会神的效果；第二种是强调图案的连续性和韵律感，具有一定的导向性和规律性，多用于门厅、走道及常用的空间；第三种是强调图案的抽象性，自由多变，自如活泼，常用于不规则或布局自由的空间。

3）满足楼地面结构、施工及物理性能的需要

楼地面装饰时要注意结构情况，在保证安全的前提下，给予构造、施工上的方便，不能只是片面追求图案效果，同时要考虑如防潮、防水、保温、隔热等物理性能的需要。

楼地面的形式各种各样，种类较多，如木质地面、块材地面、水磨石地面、塑料地面、水泥地面等，图案式样繁多，色彩丰富，设计时要同整个空间环境相一致，相辅相成，以达到良好的效果。

2. 墙面装饰

室内视觉范围中，墙面和人的视线垂直，处于最为明显的地位，同时墙体是人们经常接触的部位，所以墙面的装饰对于室内设计具有十分重要的意义，要满足以下设计原则。

1）整体性

进行墙面装饰时，要充分考虑与室内其他部位的统一，要使墙面和整个空间成为统一的

整体。

2）物理性

墙面在室内空间中面积较大，地位较重要，要求也较高，对于室内空间的隔声、保暖、防火等的要求因其使用空间的性质不同而有所差异，如宾馆客房，要求高一些，而其他如食堂等，要求低一些。

3）艺术性

在室内空间里，墙面的装饰效果，对美化室内环境起着非常重要的作用，墙面的形状、分划图案、质感和室内气氛有着密切的关系。为创造室内空间的艺术效果，墙面本身的艺术性不可忽视。

墙面装饰形式的选择要根据上述原则而定，形式大致有以下几种：抹灰装饰、贴面装饰、涂刷装饰、卷材装饰。

3. 顶棚装饰

顶棚是室内装饰的重要组成部分，也是室内空间装饰中最富有变化、引人注目的界面，其透视感较强，通过不同的处理，配以灯具造型能增强空间感染力，使顶面造型丰富多彩，新颖美观。

1）设计原则

首先，要注重整体环境效果，顶棚、墙面、地面共同组成室内空间，共同创造室内环境效果，设计中要注意三者的协调统一，在统一的基础上各具自身的特色；其次，顶面的装饰应满足适用美观的要求，一般来讲，室内空间效果应是下重上轻，所以要注意顶面装饰力求简洁完整，突出重点，同时造型要具有轻快感和艺术感；最后，顶面的装饰应保证顶面结构的合理性和安全性，不能单纯追求造型而忽视安全。

2）顶面设计形式

（1）平整式顶棚。这种顶棚构造简单，外观朴素大方、装饰便利，适用于教室、办公室、展览厅等，它的艺术感染力来自顶面的形状、质地、图案及灯具的有机配置。

（2）凹凸式顶棚。这种顶棚造型华美富丽，立体感强，适用于舞厅、餐厅、门厅等，要注意各凹凸层的主次关系和高差关系，不宜变化过多，要强调自身节奏韵律感及整体空间的艺术性。

（3）悬吊式顶棚。在屋顶承重结构下面悬挂各种折板、平板或其他形式的吊顶，这种顶棚往往是为了满足声学、照明等方面的要求或为了追求某些特殊的装饰效果，常用于体育馆、电影院等。近年来，在餐厅、茶座、商店等建筑中也常用这种形式的顶棚，使人产生特殊的美感和情趣。

（4）井格式顶棚。结合主次梁交错的结构梁形式，配以灯具和石膏花饰图案，朴实大方，节奏感强。

（5）玻璃顶棚。现代大型公共建筑的门厅、中厅等常用这种形式，主要解决大空间采光及室内绿化需要，使室内环境更富于自然情趣，为大空间增加活力。其形式一般有圆顶形、锥形和折线形。

任务 1.2　人体工程学与室内装饰设计

现代室内环境设计日益重视人和环境、物和环境之间，以人为主体的具有科学依据的协调。因此，室内设计除了重视视觉环境的设计外，对物理环境、生理环境及心理环境的研究和设计也已予以高度重视，并开始运用到设计实践中去。

子任务 1.2.1　人体工程学的含义

人体工程学（human engineering），也称人类工程学、人体工学、人间工学或工效学，是指研究人的工作能力及其限度，使工作更有效地适应人的生理、心理特性的科学。

人体工程学联系到室内设计，其含义为：以人为主体，运用人体计测、生理计测、心理计测等手段和方法，研究人体结构功能、心理、力学等方面与室内环境之间的合理协调关系，以适合人的身心活动要求，取得最佳的使用效能。

子任务 1.2.2　人体工程学在室内空间中的运用

由于人体工程学是一门新兴的学科，在室内环境设计中应用的深度和广度有待于进一步认真开发，目前已有开展的应用方面如下。

1. 确定人们在室内活动所需空间的主要依据

根据人体工程学中的有关计测数据，从人的尺度、动作域、心理空间以及人际交往的空间等，可以确定空间范围。

例如：一般的过道宽为 1 200 mm，其实这个数据是根据人体的肩宽来决定的。人的肩宽大约为 400 mm，加上余量，达 600 mm 以上的时候走路一般不会碰到东西。那么当双人并肩走的时候，1 200 mm 的空间基本够用。所以家居基本过道为 1 200 mm。当然这仅是个常用数据，但不是绝对数据。当空间确实很窄的时候，也可把过道设计为 1 000 mm 等，空间宽的还有 1 500 mm 的设计等。公共空间一般为 1 500 mm 的内空宽度。

2. 确定家具、设施的形体、尺度及其使用范围的主要依据

家具设施为人所使用，因此它们的形体、尺度必须以人体尺度为主要依据。同时，人们为了使用这些家具和设施，其周围必须留有活动和使用的最小余地，这些要求都由人体工程科学地予以解决。

家居鞋柜的深度（或说宽度、厚度），就是根据人体脚的尺度来设计的。一般人的鞋的尺寸范围为 180～250 mm，所以鞋柜的深度范围为 180～320 mm，常用 300 mm。为什么 180 mm 也可以呢？因为鞋柜的功能主要是放鞋，鞋不仅可以平放，也可以斜插着放。一般鞋柜都放置在门厅或门口，以方便进出换鞋。所以为了节约空间，而且美观，一般见不到 450 mm 以上深度的鞋柜，只有特殊情况才设计成这样。

单人沙发的宽度为 900 mm，这个尺度也是以人的肩宽为基础的。人的肩宽常在 400 mm 左右，左右加点余量，算到 500 mm 左右，沙发扶手每边有 200 mm 左右的厚度。基本总宽度为 900 mm，当然还有 1 000 mm 的，也有其他规格的。至于多人沙发，也可以根据人的肩宽尺寸大概知道。茶几的尺寸基本根据沙发的尺寸和空间来安排大小。在平面布置中还要考虑空调，空调的尺度宽度一般为 600～800 mm，深度一般为 400～500 mm。

3. 提供适应人体的室内物理环境的最佳参数

室内物理环境主要有室内热环境、声环境、光环境、重力环境、辐射环境等，上述参数可为室内设计的正确决策提供科学的依据。

4. 对视觉要素的计测为室内视觉环境设计提供科学依据

人眼的视力、视野、光觉、色觉是视觉的要素，人体工程学通过计测得到的数据，为室内光照设计、色彩设计、视觉最佳区域等提供了科学的依据。

任务1.3　室内装饰设计制图的基本知识

子任务1.3.1　室内装饰设计施工图的概念、特点及组成

1. 装饰设计施工图的概念

装饰设计施工图是按照装饰设计方案确定的空间尺度、构造做法、材料选用、施工工艺等绘制的施工图样。此图样符合建筑及装饰设计规范规定，是用于指导装饰施工生产的技术文件。装饰工程施工图同时也是进行造价管理、工程监理等工作的主要技术文件。

2. 装饰施工图的特点

装饰工程施工图是用正投影方法绘制的用于指导施工的图样，制图应遵守《房屋建筑制图统一标准》（GB/T 50001—2017）的要求。装饰工程施工图反映的内容多、形体尺度变化大，通常选用一定的比例，采用相应的图例符号和标注尺寸、标高等加以表达，必要时绘制透视图、轴测图等辅助表达，以利识读。

建筑装饰设计通常是在建筑设计的基础上进行的，在制图和识图上装饰工程施工图有其自身的规律，如图样的组成、施工工艺及细部做法的表达等都与建筑工程施工图有所不同。

装饰设计同样经方案设计和施工图设计两个阶段。方案设计阶段是根据业主要求、现场情况，以及有关规范、设计标准等，以透视效果图、平面布置图、室内立面图、楼地面平面图、尺寸、文字说明等形式，将设计方案表达出来，经修改补充，取得合理方案后，报业主或有关主管部门审批，再进入施工图设计阶段。施工图设计是装饰设计的主要程序。

3. 装饰施工图的组成

装饰设计施工图一般由装饰设计说明、平面布置图、楼地面平面图、顶棚平面图、室内立面图、墙（柱）面装饰剖面图、装饰详图等图样组成，其中设计说明、平面布置图、楼地面平面图、顶棚平面图、室内立面图为基本图样，表明装饰工程内容的基本要求和主要做法；墙（柱）面装饰剖面图、装饰详图为装饰施工的详细图样，用于表明细部尺寸、凹凸变化、工艺做法等。图纸的编排也以上述顺序排列。

子任务1.3.2　室内装饰设计制图的基本制图标准

国家规定了全国统一的建筑工程制图标准，其中《房屋建筑制图统一标准》（GB/T 50001—2017）是房屋建筑制图的基本规定，是专业制图的通用部分。

建筑装饰制图目前沿用该标准，以保证建筑装饰制图和建筑工程制图相统一。

1. 图纸幅面规格

1）图纸幅面

图纸幅面应符合表1-1的规定。

绘制技术图样时，国标规定应优先使用所规定的基本幅面，其短边和长边之比是1∶1.414，各幅面之间的尺寸关系如图1-1所示。

表 1-1 图纸幅面及图框尺寸　　　　　　单位：mm

幅面代号	A0	A1	A2	A3	A4
$b×l$	841×1 189	594×841	420×594	297×420	210×297
c	10			5	
a	25				

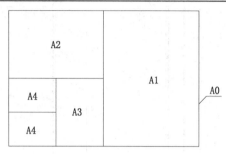

图 1-1 基本幅面图纸之间的关系

2）图框规格

在图纸上必须用粗实线画出图框，一般情况下采用的格式如图 1-2 所示。

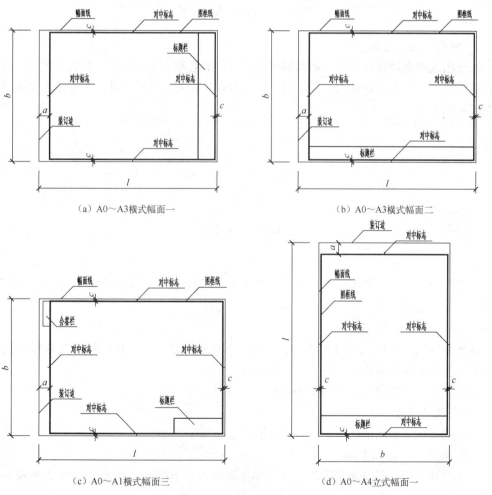

（a）A0～A3横式幅面一　　　　　　（b）A0～A3横式幅面二

（c）A0～A1横式幅面三　　　　　　（d）A0～A4立式幅面一

图 1-2 图纸图框格式

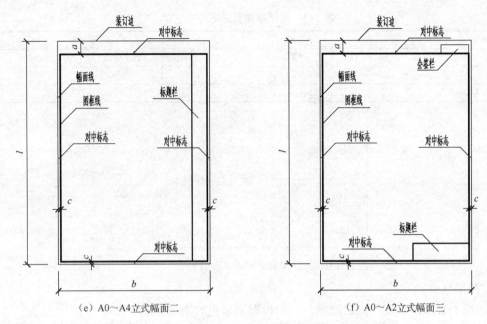

（e）A0～A4立式幅面二　　　　　　　（f）A0～A2立式幅面三

图1-2　图纸图框格式（续）

3）标题栏与会签栏

每张图纸都应设置标题栏，用以填写设计单位的名称、工程名称、图名、图号、设计编号、制图人、校对人、审核人、日期等。需要专业负责人会签的图纸，还应绘出会签栏，参考格式见图1-3。

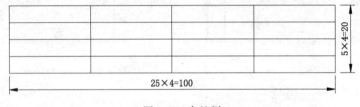

图1-3　会签栏

2. 图线

图线是构成图形的基本元素。绘图时为表达不同的内容，并使图样主次分明，必须采用不同的线型和线宽。

1）线型的种类及用途

建筑装饰制图中的线型有：实线、虚线、单点长画线、双点长画线、折断线和波浪线等，其中有些线型还有粗、中粗、中、细四种。

在建筑装饰制图中，应选用图1-4所示的线型。

2）图线的宽度

图线的宽度 b 应从下列线宽系列中选取：

0.5、0.7、1.0、1.4 mm。

每个图样，应根据复杂程度和比例大小，先确定基本线宽，再选用表1-2和表1-3中适当的线宽组。

名　称		线型示例	线　宽	一般用途
实　线	粗		b	主要可见轮廓线
	中粗		$0.7b$	可见轮廓线
	中		$0.5b$	可见轮廓线、尺寸线、变更云线
	细		$0.25b$	图例填充线、家具线
虚　线	粗		b	见各有关专业制图标准
	中粗		$0.7b$	不可见轮廓线
	中		$0.5b$	不可见轮廓线、图例线
	细		$0.25b$	图例填充线、家具线
单点长画线	粗		b	见各有关专业制图标准
	中		$0.5b$	见各有关专业制图标准
	细		$0.25b$	中心线、对称线、轴线等
双点长画线	粗		b	见各有关专业制图标准
	中		$0.5b$	见各有关专业制图标准
	细		$0.25b$	假想轮廓线、成型前原始轮廓线
折断线			$0.25b$	断开界线
波浪线			$0.25b$	断开界线

图 1-4　主要线型的正确表示

表 1-2　图框线和标题栏线的宽度

幅面代号	图框线	标题栏外框线对中标志	标题栏分格线幅面线
A0、A1	b	$0.5b$	$0.25b$
A2、A3、A4	b	$0.7b$	$0.35b$

表 1-3　线宽组　　　　　　　　　　　　　　　单位：mm

线宽比	线宽组			
b	1.4	1.0	0.7	0.5
$0.7b$	1.0	0.7	0.5	0.35
$0.5b$	0.7	0.5	0.35	0.25
$0.25b$	0.35	0.25	0.18	0.13

3）图线的画法

绘制图线时应遵循以下原则：

① 同一张图纸内，相同比例的各图样，应选用相同的线宽组。

② 图纸的图框线和标题栏线，可采用表 1-2 和表 1-3 中的线宽。

③ 相互平行的图例线，其净间隙或线中间隙不宜小于 0.2 mm。

④ 虚线、单点长画线或双点长画线的线段长度和间隔，宜各自相等。

⑤ 单点长画线或双点长画线，在较小图形中绘制有困难时，可用实线代替。

⑥ 单点长画线或双点长画线的两端，不应是点。点画线与点画线交接或点画线与其他

图线交接时，应是线段交接，如图 1-5（a）所示。虚线与虚线交接或虚线与其他图线交接时，应是线段交接。虚线为实线的延长线时，不得与实线相接，如图 1-5（b）所示。

图 1-5　图线交接的正确画法

3. 字体

工程图样中大量地使用汉字、数字及拉丁字母和一些符号，它们是工程图样的重要组成部分。

1）汉字

国标对汉字字体做了严格的规定，不得随意书写，必须采用长仿宋体，字的大小用字号表示，字号即字的高度。

2）数字和字母

数字和字母在图样上的书写分正体和斜体两种，但同一张图纸上必须统一。在汉字中的阿拉伯数字、罗马数字或拉丁字母，其字高宜比汉字字高小一号。斜体字的斜度应从字的底线逆时针向上倾斜 75°，其高度与宽度应与相应的正体字相等。

4. 比例

无论放大缩小，比例关系在标注时都应把图中量度写在前面，实物量度写在后面，如 2∶1、1∶1、1∶5、1∶50、1∶100 等。

绘图所用的比例，应根据图样的用途和被绘对象的复杂程度，从表 1-4 中选用，并优先选用常用比例。

表 1-4　绘图所用的比例

图名	常用比例	必要时可增加的比例	说明
平面图、立面图、剖面图	1∶50、1∶100、1∶200	1∶150、1∶300	适用于室内设计的平面图、立面图、剖面图
详图	1∶1、1∶2、1∶4、1∶5、1∶10、1∶20、1∶50	1∶3、1∶6、1∶30、1∶40	适用于室内设计的详图

一般情况下，一个图样选用一种比例。根据专业制图的需要，同一图样可选用两种比例。

比例一般注写在图名的右侧，其字高宜比图名的字高小一号或二号，如图 1-6 所示。

5. 尺寸标注

尺寸是图样的重要组成，也是进行施工的依据，尺寸标注错误或不当将会影响施工。因此，国标对尺寸画法、标注都做了较详细的规定，设计时应遵照执行。尺寸标注要求完整、准确、清晰、整齐。

1）尺寸的组成

图样上的尺寸应包括尺寸界线、尺寸线、尺寸起止符号和尺寸数字，参见图 1-7。

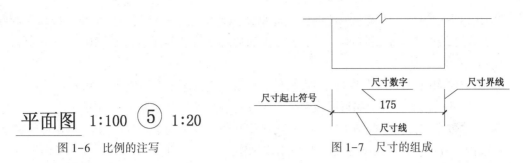

平面图 1:100 ⑤ 1:20

图 1-6 比例的注写　　　　　　　图 1-7 尺寸的组成

（1）尺寸界线。

一般从被注图形轮廓线两端引出，并垂直所标注的轮廓线，用细实线画出。其一端应离开轮廓线不小于 2 mm，另一端宜超出尺寸线 2~3 mm。尺寸界线有时也可用轮廓线代替。

（2）尺寸线。

画在尺寸界线之间并与所标图形轮廓线平行，用细实线画出并刚好画到与尺寸界线相交为止。图样本身的任何图线均不得用作尺寸线。

（3）尺寸起止符号。

一般在尺寸线与尺寸界线的相交处画一条长 2~3 mm 的中粗斜短线，其倾斜方向与尺寸线顺时针 45°相同。对于直径、半径、角度与弧长的标注，其尺寸起止符号宜用箭头表示，见图 1-8。对于机械图样，尺寸起止符号均用箭头表示。

（4）尺寸数字。

尺寸数字一律用阿拉伯数字注写，单位一般用 mm（均不用标出）。所注尺寸数字是形体的实际大小，与图形比例无关。尺寸数字一般注写在尺寸线的中部上方，也可将尺寸线断开，中间注写尺寸数字。

2）常见的尺寸标注方法

① 尺寸宜标注在图样以外，如图 1-9（a）所示，不宜与图线、文字及符号等相交，如图 1-9（b）所示。

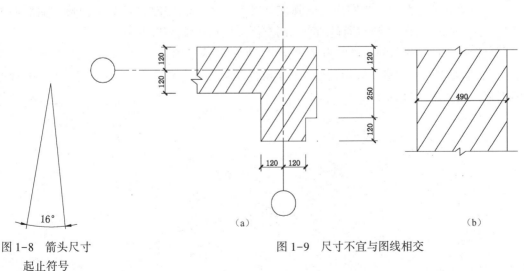

（a）　　　　　　　　　　　　　　　（b）

图 1-8 箭头尺寸　　　　　　　图 1-9 尺寸不宜与图线相交
　　　　起止符号

②　互相平行的尺寸线应从被注的图样轮廓线由近向远整齐排列，小尺寸线应离轮廓线较近，大尺寸线应离轮廓线较远。相互平行排列的尺寸线的间距宜为 7~10 mm，并保持一致，见图 1-10。

③　图样轮廓线以外的尺寸线距图样最外轮廓线之间的距离，不宜小于 10 mm。

④　总尺寸的尺寸界线应靠近所指部位，中间的分尺寸的尺寸界线可稍短。

⑤　尺寸数字的方向应按图 1-11（a）的规定注写，字头朝上。若尺寸数字在 30°斜线区内，可按图 1-11（b）的形式注写，也可引出标注。

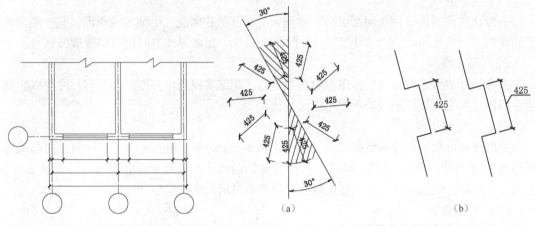

图 1-10　尺寸线的排列　　　　　　　图 1-11　尺寸数字的注写方向

⑥　半径、直径及角度的尺寸标注，小于或等于 1/2 圆周的圆弧通常标注半径尺寸线，尺寸线的一端从圆心开始，另一端的箭头指到圆弧。半径数字前应加注半径符号"R"，见图 1-12（a）；小直径的圆弧可引出标注，见图 1-12（b）；较大的圆弧尺寸标注可参考图 1-12（c）。

⑦　完整的圆或大于 1/2 圆周的圆弧应标注直径尺寸，同时直径数字前应加直径符号"ϕ"。在圆内标注的尺寸线应通过圆心，两端箭头指到圆弧，如图 1-13 所示。

⑧　标注角度时以角的两边作为尺寸界线，尺寸线应以圆弧表示。该圆弧的圆心是该角的顶点，起止符号应以箭头表示，如没有足够的位置，箭头可用圆点代替，角度数字应水平方向注写，如图 1-14 所示。

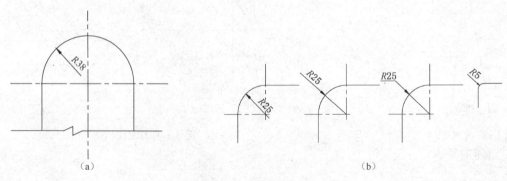

图 1-12　圆弧尺寸的标注方法

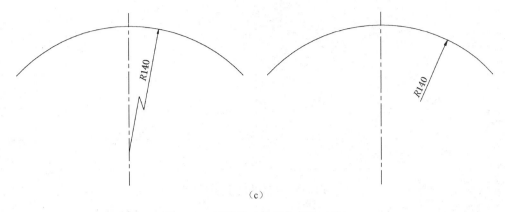

（c）

图 1-12　圆弧尺寸的标注方法（续）

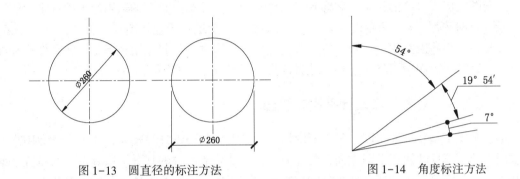

图 1-13　圆直径的标注方法　　　　　　图 1-14　角度标注方法

⑨ 尺寸的简化标注，连续排列的等长尺寸，可用"等长尺寸×个数＝总长"的形式标注，如图 1-15 所示。对于形体上有许多相同要素的尺寸标注，可仅注出其中一个要素尺寸，如图 1-16 所示。对于杆件或管线的长度，在桁架简图、钢筋简图、管线简图等单线简图上，可直接将尺寸数字沿杆件或管线的一侧注写，如图 1-17 所示。

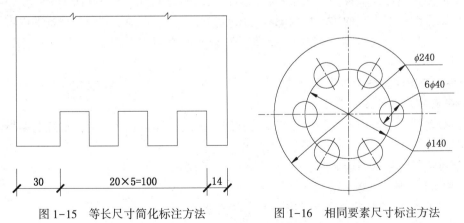

图 1-15　等长尺寸简化标注方法　　　　图 1-16　相同要素尺寸标注方法

6. 图例符号

装饰工程施工图的图例符号应遵守《房屋建筑制图统一标准》（GB/T 50001—2017）的有关规定，除此之外因设计表达的需要还可采用常用图例。

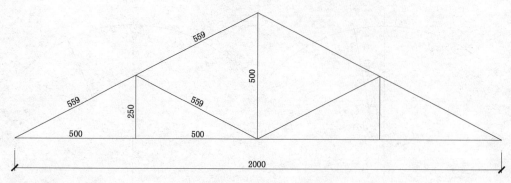

图 1-17　单线图尺寸标注方法

7. 图纸目录及设计说明

一套图纸应有自己的目录，装饰施工图也不例外。在第一页图的适当位置编排本套图纸的目录（有时采用 A4 幅面专设目录页），以便查阅。图纸目录包括图别、图号、图纸内容。

在装饰工程施工图中，一般应将工程概况、设计风格、材料选用、施工工艺、做法和注意事项，以及施工图中不易表达或设计者认为重要的其他内容写成文字，编成设计说明。

子任务 1.3.3　室内装饰设计平面布置图

平面布置图是装饰施工图中的主要图样，它是根据装饰设计原理、人体工程学和用户的要求画出的用于反映建筑平面布局、装饰空间，以及功能区域的划分、家具设备的布置、绿化和陈设的布局等内容的图样，是确定装饰空间平面尺度及装饰形体定位的主要依据。

1. 平面布置图的形成与表达

平面布置图是假想用一个水平剖切平面，沿着每层的门窗洞口位置进行水平剖切，移去剖切平面以上的部分，对以下部分所作的水平正投影图。剖切位置选择在每层门窗洞口的高度范围内，剖切位置不必在室内立面图中指明。平面布置图与建筑平面图一样，实际上是一种水平剖面图，但习惯上称为平面布置图，其常用比例为 1:50、1:100 和 1:150。

平面布置图中剖切到的墙、柱轮廓线等用粗实线表示；未剖切到但能看到的内容用细实线表示，如家具、地面分格、楼梯台阶等。在平面布置图中，门扇的开启线宜用细实线表示。

2. 平面布置图的图示内容及画法

1）平面布置图的图示内容

平面布置图的基本内容，如墙柱与定位轴线、房间布局与名称、门窗位置及编号、门的开启方向等。

平面布置图的基本内容如下。

① 室内楼（地）面标高。

② 室内固定家具、活动家具、家用电器等的位置。

③ 装饰陈设、绿化美化等位置及图例符号。

④ 室内立面图的内视投影符号（按顺时针从上至下在圆圈中编号）。

⑤ 室内现场制作家具的定型、定位尺寸。

⑥ 房屋外围尺寸及轴线编号等。

⑦ 索引符号、图名及必要的说明等。

2）平面布置图的画法

装饰工程施工图与建筑施工图的画法与步骤基本相同，所不同的是造型做法及构造细节在表达上的细化，以及做法的多样性。如装饰平面布置图是在建筑平面图的基础上进行墙面造型的位置设计、家具布置、陈设布置、地面分格及拼花图样的，它必须以建筑平面图为条件进行设计、制图。

在平面布置图中，家具、陈设、绿化等要以设计尺寸按比例绘制，并要考虑它们所营造的空间效果及使用功能，而这些内容在建筑平面图上一般不需表示。装饰施工通常在建筑工程粗装修完成后进行，建筑结构已经形成，所以有些尺寸在装饰施工图上可以省略，突出装饰设计的内容。

平面布置图的绘图步骤如下。

① 画出建筑主体结构，标注其开间、进深、门窗洞口等尺寸，标注楼地面标高。

② 画出各功能空间的家具、陈设、隔断、绿化等的形状、位置。

③ 标注装饰尺寸，如隔断、固定家具、装饰造型等的定型、定位尺寸。

④ 绘制内视投影符号、详图索引符号等。

⑤ 注写文字说明、图名及比例等。

⑥ 检查并加深、加粗图线。剖切到的墙柱轮廓、剖切符号用粗实线，未剖到但能看到的图线，如门扇开启符号、窗户图例、楼梯踏步、室内家具及绿化等用细实线表示。

⑦ 完成作图，参见图 1-18。

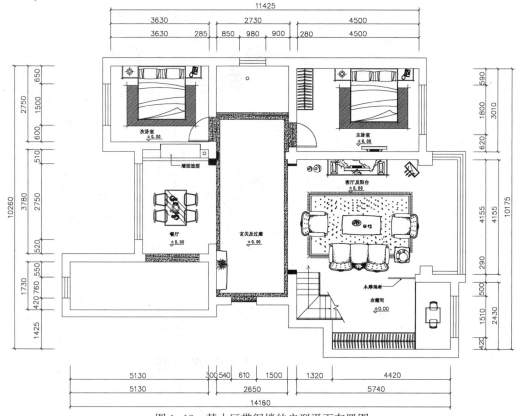

图 1-18　某小区带阁楼的户型平面布置图

子任务 1.3.4　室内装饰设计地面材料图

1. 地面材料图的形成与表达

地面材料图不画活动家具及绿化等布置，只画出地面的装饰分格，标注地面材质、尺寸和颜色、地面标高等。地面材料图的常用比例为 1∶50、1∶100。图中的地面分格采用细实线表示，其他内容按平面布置图要求绘制。当地面材料图不太复杂时，可与平面布置图合在一起绘制。

2. 地面材料图的画法

地面材料图的面层分格线用细实线画出，用于表示地面施工时的铺装方向。对于台阶和其他凹凸变化等特殊部位，还应画出剖面（或断面）符号。具体画法如下。

① 画出建筑主体结构，标注其开间、进深、门窗洞口等尺寸。

② 画出地面面层分格线和拼花造型等（家具、内视投影符号等省略不画）。

③ 标注分格和造型尺寸。材料不同时用图例区分，并加引出说明，明确做法。

④ 完成细部做法的索引符号、图名及比例。

⑤ 检查并加深、加粗图线，楼地面分格用细实线表示。

⑥ 完成作图，见图 1-19。

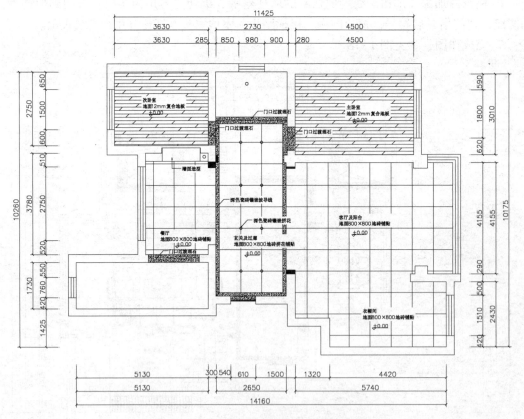

图 1-19　某小区带阁楼的户型地面材料图

子任务 1.3.5　室内装饰设计顶棚平面图

1. 顶棚平面图的形成与表达

顶棚平面图是以镜像投影法画出的反映顶棚平面形状、灯具位置、材料选用、尺寸标高及构造做法等内容的水平镜像投影图，是装饰施工的主要图样之一。

它是假想以一个水平剖切平面沿顶棚下方门窗洞口位置进行剖切，移去下面部分后对上面的墙体、顶棚所作的镜像投影图。

顶棚平面图的常用比例为 1∶50、1∶100。在顶棚平面图中剖切到的墙柱用粗实线，未剖切到但能看到的顶棚及灯饰等造型轮廓用中实线，顶棚装饰及分格线用细实线表示。

2. 顶棚平面图的图示内容

① 建筑平面及门窗洞口，门画出门洞边线即可，不画门扇及开启线。

② 室内（外）顶棚的造型、尺寸、做法和说明，有时可画出顶棚的重合断面图并标注标高。

③ 室内（外）顶棚灯具符号及具体位置（灯具的规格、型号、安装方法由电气施工图反映）。

④ 室内各种顶棚的完成面标高（按每一层楼地面为 ±0.000 标注顶棚装饰面标高，这是实际施工中常用的方法）。

⑤ 与顶棚相接的家具、设备的位置及尺寸。

⑥ 窗帘及窗帘盒、窗帘帷幕板等。

⑦ 空调送风口位置、消防自动报警系统及与吊顶有关的音视频设备的平面布置形式及安装位置。

⑧ 图外标注开间、进深、总长、总宽等尺寸。

⑨ 索引符号、说明文字、图名及比例等。

3. 顶棚平面图的画法

① 画出建筑主体结构，标注其开间、进深、门窗洞口等尺寸，标注顶棚原始标高。

② 画出顶棚的造型轮廓线、灯饰、空调风口等设施。

③ 标注尺寸和相对于本层楼地面的顶棚底面标高。

④ 画详图索引符号，标注说明文字、图名及比例。

⑤ 检查并加深、加粗图线。其中墙柱轮廓线用粗实线，顶棚及灯饰等造型轮廓用中实线，顶棚装饰及分格线用细实线表示。

⑥ 完成作图，如图 1-20 所示。

子任务 1.3.6　室内装饰设计立面图

1. 立面图的形成与表达

室内立面图是将房屋的室内墙面按内视投影符号的指向，向直立投影面所作的正投影图。它用于反映室内空间垂直方向的装饰设计形式、尺寸与做法、材料与色彩的选用等内容，是装饰工程施工图中的主要图样之一，是确定墙面做法的主要依据。房屋室内立面图的名称，应根据平面布置图中内视投影符号的编号或字母确定（如①立面图、②立面图）。

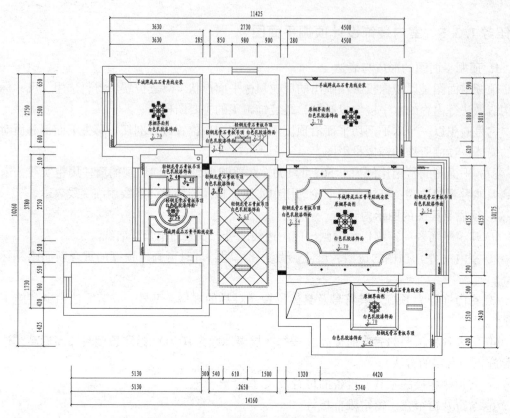

图 1-20　某小区带阁楼的户型顶棚平面图

室内立面图应包括投影方向可见的室内轮廓线和装饰构造、门窗、构配件、墙面做法、固定家具、灯具等内容及必要的尺寸和标高，并需表达非固定家具、装饰物件等情况。室内立面图的顶棚轮廓线，可根据情况只表达吊顶或同时表达吊顶及结构顶棚。

室内立面图的外轮廓用粗实线表示，墙面上的门窗及凸凹于墙面的造型用中实线表示，其他图示内容、尺寸标注、引出线等用细实线表示。室内立面图一般不画虚线。

室内立面图的常用比例为 1:50，可用比例为 1:30、1:40 等。

2. 室内立面图的图示内容及画法

1）室内立面图的图示内容

① 室内立面轮廓线。顶棚有吊顶时可画出吊顶、叠级和灯槽等剖切轮廓线（粗实线表示），以及墙面与吊顶的收口形式、可见的灯具投影图形等。

② 墙面装饰造型及陈设（如壁挂、工艺品等），门窗造型及分格，墙面灯具、暖气罩等装饰内容。

③ 装饰选材、立面的尺寸标高及做法说明。国外一般标注一至两道竖向及水平向尺寸，以及楼地面、顶棚等的装饰标高；图内一般应标注主要装饰造型的定型、定位尺寸。做法标注采用细实线引出。

④ 附墙的固定家具及造型（如影视墙、壁柜）。

⑤ 索引符号、说明文字、图名及比例等。

2）室内立面图的画法

① 画出楼地面、楼盖结构、墙柱面的轮廓线（有时还需画出墙柱的定位轴线）。

② 画出墙柱面的主要造型轮廓。画出上方顶棚的剖面和可见轮廓（比例小于 1:50 时顶棚轮廓可用单线表示）。

③ 检查并加深、加粗图线。其中室内周边墙柱、楼板等结构轮廓用粗实线，顶棚剖面线用粗实线，墙柱面造型轮廓用中实线，造型内的装饰及分格线以及其他可见线用细实线。

④ 标注尺寸，标注相对于本层楼地面的各造型位置及顶棚底面标高。

⑤ 标注详图索引符号、剖切符号、说明文字、图名、比例。

⑥ 完成作图，如图 1-21 所示。

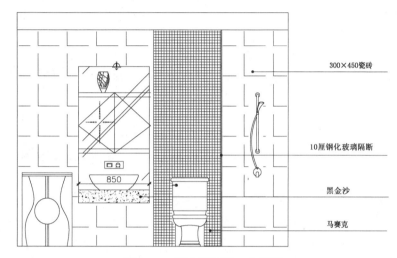

图 1-21 室内卫生间 A 立面图

子任务 1.3.7 室内装饰设计装饰详图

1. 装饰详图的形成、表达及分类

室内装饰详图是为了满足施工的需要，必须分别将这些内容用比较大的比例详细画出图样，这种图样称为装饰详图，简称详图。它是建筑装饰细部的施工图，是对装饰平面、天花、立面等基本图样的深化和补充，是工程的细部施工、构配件制作及编制预算的依据。

2. 装饰详图的分类

装饰详图按其部位分为如下几类。

（1）墙（柱）面装饰剖面图。主要用于表达室内立面的构造，着重反映墙（柱）面在分层做法、选材、色彩上的要求。

（2）顶棚详图。主要用于反映吊顶构造、做法的剖面图或断面图。

（3）装饰造型详图。独立的或依附于墙柱的装饰造型，表现装饰的艺术氛围和情趣的构造体，如影视墙、花台、屏风、壁龛、栏杆造型等的平、立、剖面图及线角详图。

（4）家具详图。主要指需要现场制作、加工、油漆的固定式家具，如衣柜、书柜、储藏柜等。有时也包括可移动家具如床、书桌、展示台等。

（5）装饰门窗及门窗套详图。门窗是装饰工程中的主要施工内容之一，其形式多种多样，在室内起着分割空间、烘托装饰效果的作用，它的样式、选材和工艺做法在装饰图中有特殊的地位。其图样有门窗及门窗套立面图、剖面图和节点详图。

（6）楼地面详图。反映地面的艺术造型及细部做法等内容。

（7）小品及饰物详图。小品、饰物详图包括雕塑、水景、指示牌、织物等的制作图。

3. 装饰详图的图示内容

当装饰详图所反映的形体的体量和面积较大，造型变化较多时，通常需先画出平、立、剖面图来反映装饰造型的基本内容。选用比例一般为 1:50~1:10，有条件时平、立、剖面图应画在一张图纸上。当该形体按上述比例画出的图样不够清晰时，需要选择 1:10~1:1 的大比例绘制。当装饰详图较简单时，可只画其平面图、断面图（如地面装饰详图）即可。装饰详图图示内容一般有：

① 装饰形体的建筑做法；

② 造型样式、材料选用、尺寸标高；

③ 所依附的建筑结构材料、连接做法，如钢筋混凝土与木龙骨、轻钢及型钢龙骨等内部骨架的连接图示（剖面或断面图），选用标准图时应加索引；

④ 装饰体基层板材的图示（剖面或断面图），如石膏板、木工板、多层夹板、密度板等；水泥压力板等用于找平的构造层次（通常固定在骨架上）；

⑤ 装饰面层、胶缝及线角的图示（剖面或断面图），复杂线角及造型等还应绘制大样图；

⑥ 色彩及做法说明、工艺要求等；

⑦ 索引符号、图名及比例等。

4. 装饰详图的画法

1）墙（柱）面装饰剖面图

墙（柱）面装饰剖面图是反映墙（柱）面装饰造型、做法的竖向剖面图，是表达墙面做法的重要图样。墙（柱）面装饰剖面图除了绘制构造做法外，有时还需分层引出标注，以明确工艺做法、层次以及与建筑结构的连接等。绘制墙（柱）面装饰剖面图步骤如下。

① 选比例、定图幅。

② 画出墙、梁、柱和吊顶等的结构轮廓。

③ 画出墙柱的装饰构造层次，如防潮层、龙骨架、基层板、饰面板、装饰线角等。

④ 检查图样图线并加深、加粗图线。剖切到的建筑结构体轮廓用粗实线，装饰构造层用中实线，材料图例线及分层引出线等用细实线。

⑤ 标注尺寸，相对于本层楼地面的墙柱面造型位置及顶棚底面标高。

⑥ 标注详图索引符号、说明文字、图名及比例。

⑦ 完成作图，如图 1-22 所示。

2）装饰详图（以门为例）的画法

① 选比例、定图幅。

② 画墙（柱）的结构轮廓。

③ 画出门套、门扇等装饰形体轮廓。

④ 详细画出各部位的构造层次及材料图例。

⑤ 检查并加深、加粗图线。剖切到的结构体用粗实线，各装饰构造层用中实线，其他

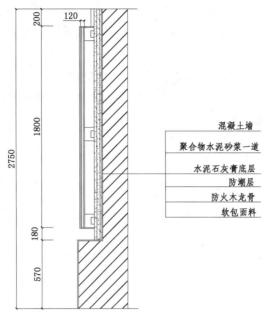

图 1-22 软包墙面装饰节点详图

内容如图例、符号和可见线均为细实线。

⑥ 标注尺寸、做法及工艺说明。

⑦ 完成作图，如图 1-23 所示。

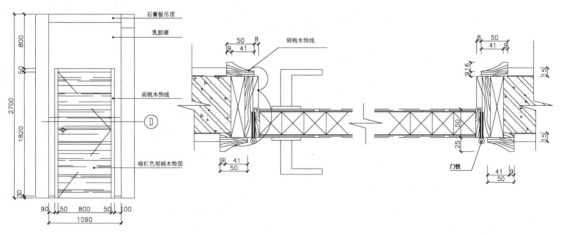

图 1-23 木门装饰节点详图

思考与练习

1. 绘制建筑工程图样用的图线有哪几种？线的宽度各为多少？

2. 在画图线接头处的时候，应注意哪些问题？

3. 一般工程图样上的尺寸单位是什么？解释尺寸 $\phi15$ 和 $R10$ 的含义。

4. 物体的真实大小与图形的大小及绘图的准确度是否有关？装饰工程施工图有何特点？

一般由哪几种图样组成？

 5. 装饰工程施工图的图纸目录及设计说明一般由哪些内容组成？

 6. 平面布置图是如何形成的？图示内容主要有哪些？并简述其绘图步骤。

 7. 顶棚平面图是如何形成的？图示内容主要有哪些？并简述其绘图步骤。

 8. 室内立面图是如何形成的？图示内容主要有哪些？并简述其绘图步骤。

 9. 装饰详图是如何形成的？常见的装饰详图有哪些？

项目 2 AutoCAD 2024 基本操作

AutoCAD 是美国 Autodesk 公司开发的计算机辅助绘图软件，自 1982 年 AutoCAD V1.0 问世以来，先后经过多次升级，已发展为现在的 AutoCAD 2024 版本。AutoCAD 2024 集平面作图、三维造型、数据库管理、渲染着色等功能于一体，具有高效、快捷、精确、简单、易用等特点，是工程设计人员首选的绘图软件之一。主要应用于建筑制图、机械制图、园林设计、城市规划，以及电子、冶金和服装设计等诸多领域。

本项目将概略地介绍 AutoCAD 2024 启动与退出的方法，界面的各个组成部分及其功能，图形文件的管理，数据的输入方法，图形的界限、单位、图层的设置，视图的显示控制及选择对象的方法等。

任务 2.1 AutoCAD 2024 的启动与退出

子任务 2.1.1 AutoCAD 2024 的启动

启动 AutoCAD 2024 有很多种方法，这里只介绍常用的 3 种方法。

（1）通过桌面快捷方式。

最简单的方法是直接双击桌面上的 AutoCAD 2024 快捷方式图标，即可启动 AutoCAD 2024，进入 AutoCAD 2024 工作界面。

（2）通过【开始】菜单。

从任务栏中，选择【开始】菜单，然后单击【所有程序】|【Autodesk】|【AutoCAD 2024-简体中文（Simplified Chinese）】中的 AutoCAD 2024 的可执行文件，也可以启动 AutoCAD 2024。

（3）通过文件目录启动 AutoCAD 2024。

双击桌面上的【这台电脑】或【此电脑】快捷方式，打开【这台电脑】或【此电脑】对话框，通过 AutoCAD 2024 的安装路径，找到 AutoCAD 2024 的可执行文件，也可以打开 AutoCAD 2024。

子任务 2.1.2 AutoCAD 2024 的退出

退出 AutoCAD 2024 有很多种方法，下面介绍常用的几种。

（1）单击 AutoCAD 2024 界面右上角的 ✕ 按钮，退出 AutoCAD 2024。

（2）单击 AutoCAD 2024 界面左上角的  按钮，选择【退出 Autodesk AutoCAD 2024】按钮，退出 AutoCAD 2024。

（3）按键盘上的 Alt+F4 组合键，退出 AutoCAD 2024。

（4）在命令行中输入 QUIT 或 EXIT 命令后按回车键。

注意：如果图形修改后尚未保存，则退出之前会出现如图 2-1 所示的系统警告对话框。单击【是】按钮，系统将保存文件后退出；单击【否】按钮，系统将不保存文件；单击【取消】按钮，系统将取消执行的命令，返回到原 AutoCAD 2024 工作界面。

图 2-1　系统警告对话框

任务 2.2　AutoCAD 2024 的界面简介

在启动 AutoCAD 2024 并新建图形后，就进入如图 2-2 所示的工作界面，此界面包括快速访问工具栏、下拉菜单栏、选项卡及面板栏、绘图区、命令行和状态栏等部分。

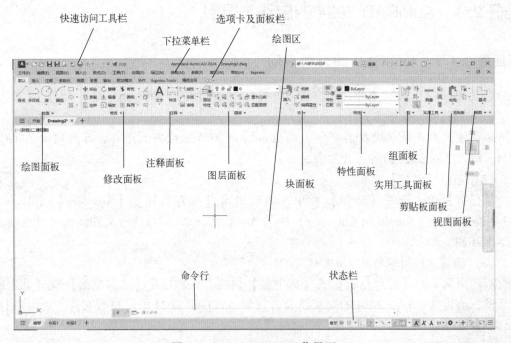

图 2-2　AutoCAD 2024 工作界面

注意：下拉菜单栏显示方法如下。单击【快速访问工具栏】右侧的下三角号，选择【显示菜单栏】子菜单，如图 2-3 所示。

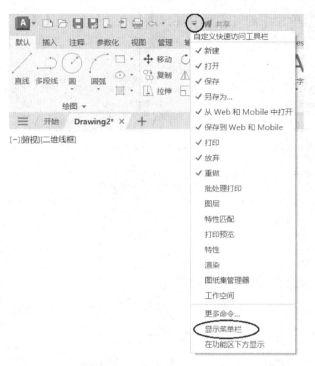

图 2-3　设置【显示菜单栏】

1. 快速访问工具栏

快速访问工具栏位于 AutoCAD 2024 工作界面的最顶端，用于显示常用工具，包括【新建】【打开】【保存】【另存为】【从 Web 和 Mobile 中打开】【保存到 Web 和 Mobile】【打印】【放弃】【重做】等选项。可以向快速访问工具栏添加无限多的工具，超出工具栏最大长度范围的工具会以弹出选项显示。

2. 下拉菜单栏

下拉菜单栏包括【文件】【编辑】【视图】【插入】【格式】【工具】【绘图】【标注】【修改】【参数】【窗口】【帮助】【Express】13 个主菜单项，每个主菜单下又包括子菜单。在展开的子菜单中存在一些带有"…"符号的菜单命令，表示如果选择该命令，将弹出一个相应的对话框；有的菜单命令右端有一个箭头，表示选择菜单命令能够打开级联菜单；菜单项右边有"Ctrl+?"组合键的表示键盘快捷键，可以直接按下键盘快捷键执行相应的命令，比如同时按下 Ctrl+N 键能够弹出【选择样板】对话框。

3. 选项卡及面板栏

AutoCAD 2024 的界面中有【默认】【插入】【注释】【参数化】【视图】【管理】【输出】【附加模块】【协作】【Express Tools】【精选应用】选项卡，每一个选项卡包含一些常用的面板，用户可以通过面板方便地选择相应的命令进行操作。

4. 绘图区

位于屏幕中间的整个白色区域是 AutoCAD 2024 的绘图区，也称为工作区域。默认设置下的工作区域是一个无限大的区域，可以按照图形的实际尺寸在绘图区内绘制各种图形。

绘图区可以改变成其他颜色，方法如下。

（1）选择下拉菜单栏中的【工具】|【选项】命令，弹出【选项】对话框，选择【显示】选项卡，如图 2-4 所示。

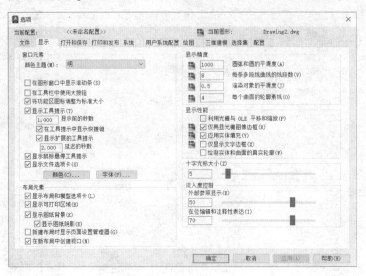

图 2-4 【显示】选项卡

（2）单击【显示】选项卡中【窗口元素】组合框中的【颜色】按钮，弹出【图形窗口颜色】对话框，如图 2-5 所示。

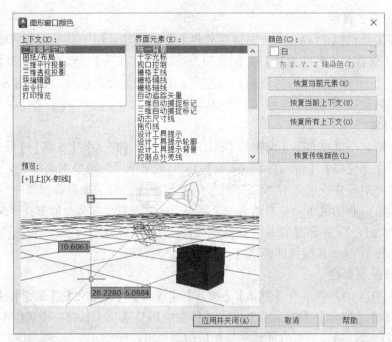

图 2-5 【图形窗口颜色】对话框

（3）在【界面元素】下拉列表中选择要改变的界面元素，可改变任意界面元素的颜色，默认为【统一背景】。

（4）单击【颜色】下拉列表框，在展开的列表中选择【黑】。

（5）单击【应用并关闭】按钮，返回【选项】对话框。

（6）单击【确定】按钮，将绘图窗口的颜色改为黑色。

5. 命令行窗口

命令行窗口是输入命令名和显示命令提示的区域，默认的命令行窗口布置在绘图区下方。AutoCAD 通过命令行窗口反馈各种信息，如输入命令后的提示信息，包括错误信息、命令选项及其提示信息等。因此，应时刻关注在命令行窗口中出现的信息。

6. 状态栏

状态栏位于工作界面的最底部，左端可设置模型空间和布局空间，右端依次显示【模型或图纸空间】【显示图形栅格】【捕捉模式】【正交限制光标】【极轴追踪】【等轴测草图】【对象捕捉追踪】【对象捕捉】【显示注释对象】【在注释比例发生变化时，将比例添加到注释性对象】【当前视图的注释比例】【切换工作空间】【注释监视器】【隔离对象】【全屏显示】【自定义】等辅助绘图工具按钮。当按钮处于亮显状态时，表示该按钮处于打开状态，再次单击该按钮，可关闭相应按钮。

任务 2.3　图形文件的管理

子任务 2.3.1　新建文件

创建新的图形文件有以下几种方法。

（1）选择下拉菜单栏中的【文件】|【新建】命令。

（2）单击快速访问工具栏中的新建命令按钮 。

（3）在命令行中输入 NEW 并回车。执行该命令后，将弹出如图 2-6 所示的【选择样板】对话框。选择默认的样板文件"acadiso.dwt"，单击【打开】按钮，将新建一个空白的文件。

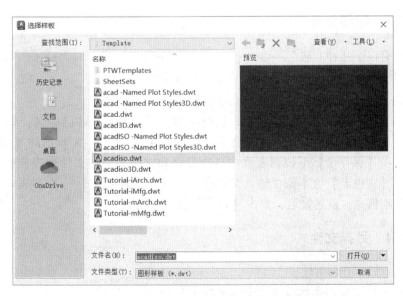

图 2-6　【选择样板】对话框

子任务 2.3.2　打开文件

打开已有图形文件有以下几种方法。

（1）选择下拉菜单栏中的【文件】|【打开】命令。

（2）单击快速访问工具栏中的打开命令按钮 。

（3）在命令行中输入 OPEN 并回车。执行该命令后，将弹出如图 2-7 所示的【选择文件】对话框。如果在文件列表中同时选择多个文件，单击【打开】按钮，可以同时打开多个图形文件。

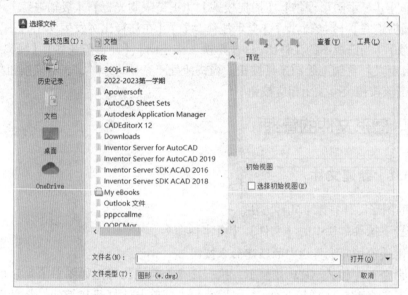

图 2-7　【选择文件】对话框

子任务 2.3.3　存储文件

存储文件有以下几种方法。

（1）选择下拉菜单栏中的【文件】|【保存】命令。

（2）单击快速访问工具栏中的保存命令按钮 。

（3）在命令行中输入 SAVE 并回车。执行该命令后，如果文件已命名，则 AutoCAD 自动保存；如果文件未命名，是第一次被保存，系统将弹出如图 2-8 所示的【图形另存为】对话框。可以在【保存于】下拉列表框中选择盘符和文件夹，在文件列表框中选择文件的保存目录，在【文件名】文本框中输入文件名，并从【文件类型】下拉列表中选择保存文件的类型和版本格式，设置好后，单击【保存】按钮即可。

子任务 2.3.4　另存文件

另存文件有以下几种方法。

（1）选择下拉菜单栏中的【文件】|【另存为】命令。

（2）单击快速访问工具栏中的另存为命令按钮 。

（3）在命令行中输入 SAVEAS 并回车。执行该命令后，将弹出如图 2-8 所示的【图形另存为】对话框。可以在【保存于】下拉列表框中选择盘符和文件夹，在文件列表框中选择文件的保存目录，在【文件名】文本框中输入文件名，并从【文件类型】下拉列表中选择保存文件的类型和版本格式，设置好后，单击【保存】按钮即可。该命令可以将图形文件重新命名。

图 2-8　【图形另存为】对话框

任务 2.4　数据的输入方法

1. 点的输入

AutoCAD 提供了很多点的输入方法，下面介绍常用的几种。

（1）移动鼠标使十字光标在绘图区之内移动，到合适位置处单击以在屏幕上直接取点。

（2）用目标捕捉方式捕捉屏幕上已有图形的特殊点，如端点、中点、圆心、交点、切点、垂足等。

（3）用光标拖拉出橡筋线确定方向，然后用键盘输入距离。

（4）用键盘直接输入点的坐标。

点的坐标通常有两种表示方法：直角坐标和极坐标。

① 直角坐标有两种输入方式：绝对直角坐标和相对直角坐标。绝对直角坐标以原点为参考点，表达方式为(X,Y)。相对直角坐标是相对于某一特定点而言的，表达方式为(@X,Y)，表示该坐标值是相对于前一点而言的相对坐标。

② 极坐标也有两种输入方式：绝对极坐标和相对极坐标。绝对极坐标是以原点为极点，输入一个距离值和一个角度值即可指明绝对极坐标。它的表达方式为（L<角度），其中 L 代表输入点到原点的距离。相对极坐标是以通过相对于某一特定点的极长距离和偏移角度来表示的，表达方式为（@L<角度），其中@表示相对于，L 表示极长。

2. 距离值的输入

在绘图过程中，有时需要提供长度、宽度、高度和半径等距离值。AutoCAD 提供了两种输入距离值的方法：一种方法是在命令行中直接输入距离值；另一种方法是在屏幕上拾取两点，以两点的距离确定所需的距离值。

任务 2.5　图形界限和单位设置

1. 设置图形界限

在 AutoCAD 2024 中绘图，一般按照 1:1 的比例绘制。图形界限可以控制绘图的范围，相当于手工绘图时图纸的大小。设置图形界限还可以控制栅格点的显示范围，栅格点在设置的图形界限范围内显示。

下面以 A3 图纸为例，假设出图比例为 1:100，绘图比例为 1:1，设置图形界限的操作如下。

选择下拉菜单栏中的【格式】|【图形界限】命令，或者在命令行输入 limits 并回车，命令行提示如下：

> 命令：'_limits
> 重新设置模型空间界限：
> 指定左下角点或［开（ON）/关（OFF）］<0.0000,0.0000>：
> 　　　　　　　　　　　　　　　　　　//回车，设置左下角点为系统默认的原点位置
> 指定右上角点 <420.0000,297.0000>：42000,29700　　　//输入"42000,29700"并回车
> 命令：z　　　　　　　　　　　　　　//输入缩放命令快捷键 z 并回车
> ZOOM
> 指定窗口的角点，输入比例因子 (nX 或 nXP)，或者
> ［全部(A)/中心(C)/动态(D)/范围(E)/上一个(P)/比例(S)/窗口(W)/对象(O)］<实时>：a
> 正在重生成模型。　　　　　　　　　　　//输入 a 并回车选择【全部(A)】选项

注意：提示中的"［开（ON）/关（OFF）］"选项的功能是控制是否打开图形界限检查。选择"ON"时，系统打开图形界限的检查功能，只能在设定的图形界限内画图，系统拒绝输入图形界限外部的点。系统默认设置为"OFF"，此时关闭图形界限的检查功能，允许输入图形界限外部的点。

2. 设置绘图单位

在绘图时应先设置图形的单位，即图上一个单位所代表的实际距离，设置方法如下。

选择下拉菜单栏中的【格式】|【单位】命令，或者在命令行输入 UNITS 或 UN 并回车，弹出【图形单位】对话框，如图 2-9 所示。

1）设置长度单位及精度

在【长度】选项区域中，可以从【类型】下拉列表框提供的 5 个选项中选择一种长度单位，还可以根据绘图的需要从【精度】下拉列表框中选择一种合适的精度。

2）设置角度的类型、方向及精度

在【角度】选项区域中，可以在【类型】下拉列表框中选择一种合适的角度单位，并根据绘图的需要在【精度】下拉列表框中选择一种合适的精度。【顺时针】复选框用来确定角度的正方向，当该复选框没有被选中时，系统默认角度的正方向为逆时针；当该复选框选中时，表示以顺时针方向作为角度的正方向。

单击【方向】按钮，将弹出【方向控制】对话框，如图 2-10 所示。该对话框用来设置

角度的 0°方向，默认以正东的方向为 0°。

图 2-9　【图形单位】对话框

图 2-10　【方向控制】对话框

任务 2.6　图层设置

图层是 AutoCAD 用来组织图形的重要工具之一，用来分类组织不同的图形信息。Auto-CAD 的图层可以被想象为一张透明的图纸，每一个图层绘制一类图形，所有的图纸层叠在一起，就组成了一个 AutoCAD 的完整图形。

1. 图层的特点

① 每个图层对应一个图层名。其中系统默认设置的图层是"0"层，该图层不能被删除。其余图层可以单击新建图层 按钮建立，数量不限。

② 各图层具有相同的坐标系，每一个图层对应一种颜色、一种线型。

③ 当前图层只有一层，且只能在当前图层绘制图形。

④ 图层具有打开、关闭、冻结、解冻、锁定和解锁等特征。

2. 【图层特性管理器】对话框

（1）打开【图层特性管理器】对话框的方法如下。

① 单击【图层】面板中的图层特性按钮 ，弹出【图层特性管理器】对话框，如图 2-11 所示。

② 选择下拉菜单栏中的【格式】|【图层】命令，可打开【图层特性管理器】对话框。

③ 在命令行中直接输入图层命令 LAYER 或 LA 并回车，也可打开【图层特性管理器】对话框。

（2）打开|关闭按钮 ：系统默认该按钮处于打开状态，此时该图层上的图形可见。单击 按钮，将变成关闭状态 ，此时该图层上的图形不可见，且不能打印或由绘图仪输出。但重生成图形时，图层上的实体仍将重新生成。

（3）冻结|解冻按钮 ：该按钮也用于控制图层是否可见。当图层被冻结时，该图层上的实体不可见且不能被输出，也不能进行重生成、消隐和渲染等操作，可明显提高许多操作的处理速度；而解冻的图层是可见的，可进行上述操作。

（4）锁定|解锁按钮 ：该按钮用于控制该图层上的实体是否可被修改。锁定图层上

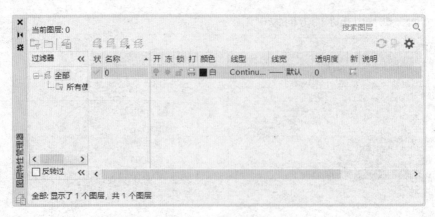

图 2-11　【图层特性管理器】对话框

的实体不能进行删除、复制等修改操作，但仍可见，可以在该图层上绘制新的图形。

（5）设置图层颜色：单击颜色图标按钮，如图 2-12 所示，可弹出【选择颜色】对话框，如图 2-13 所示，可以从中选择一种颜色作为图层的颜色。

图 2-12　修改图层颜色

图 2-13　【选择颜色】对话框

注意： 一般在创建图形时，采用该图层对应的颜色，称为随层 "Bylayer" 颜色方式。

（6）设置图层线型：单击线型图标【Continuous】按钮，弹出【选择线型】对话框，如图 2-14 所示。如需加载其他类型的线型，只需单击【加载】按钮，即可弹出【加载或重载线型】对话框，如图 2-15 所示，从中可以选择各种需要的线型。

注意：一般在创建图形时，采用该图层对应的线型，称为随层"Bylayer"线型方式。

（7）设置图层线宽：单击线宽图标按钮，弹出【线宽】对话框，从中可以选择该图层合适的线宽，如图 2-16 所示。

注意：选择下拉菜单栏中的【格式】|【线宽】命令，可弹出【线宽设置】对话框，如图 2-17 所示。默认线宽为 0.25 mm，可以进行修改。

图 2-14 【选择线型】对话框

图 2-15 【加载或重载线型】对话框

图 2-16 【线宽】对话框

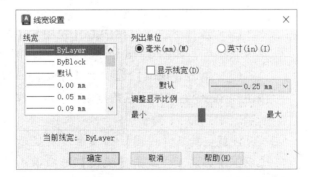

图 2-17 【线宽设置】对话框

任务2.7　视图显示控制

在绘图时，为了能够更好地观看局部或全部图形，需要经常使用视图的缩放和平移等操作工具。

1. 视图的缩放

有如下三种输入命令的方式。

(1) 在命令行中输入 ZOOM 或 z 并回车，命令行提示如下：

命令：ZOOM
指定窗口的角点，输入比例因子 (nX 或 nXP)，或者
[全部(A)/中心(C)/动态(D)/范围(E)/上一个(P)/比例(S)/窗口(W)/对象(O)] <实时>：

各选项的功能如下。

- 全部（A）：选择该选项后，显示窗口将在屏幕中间缩放显示整个图形界限的范围。如果当前图形的范围尺寸大于图形界限，将最大范围地显示全部图形。
- 中心（C）：此项选择将按照输入的显示中心坐标，来确定显示窗口在整个图形范围中的位置，而显示区范围的大小，则由指定窗口高度来确定。
- 动态（D）：该选项为动态缩放，通过构造一个视图框支持平移视图和缩放视图。
- 范围（E）：选择该选项可以将所有已编辑的图形尽可能大地显示在窗口内。
- 上一个（P）：选择该选项将返回前一视图。当编辑图形时，经常需要对某一小区域进行放大，以便精确设计，完成后返回原来的视图，不一定是全图。
- 比例（S）：该选项按比例缩放视图。比如：在"输入比例因子 (nX 或 nXP)："提示下，如果输入"0.5x"，表示将屏幕上的图形缩小为当前尺寸的一半；如果输入"2x"，表示使图形放大为当前尺寸的 2 倍。
- 窗口（W）：该选项用于尽可能大地显示由两个角点所定义的矩形窗口区域内的图像。此选项为系统默认的选项，可以在输入 ZOOM 命令后，不选择"W"选项，而直接用鼠标在绘图区内指定窗口以局部放大。
- 对象（O）：选择该选项可以尽可能大地在窗口内显示选择的对象。

图2-18　缩放下拉菜单栏

- 实时：选择该选项后，在屏幕内上下拖动鼠标，可以连续地放大或缩小图形。此选项为系统默认的选项，直接按回车键即可选择该选项。

(2) 选择下拉菜单栏中的【视图】|【缩放】子菜单，打开其级联菜单，如图 2-18 所示，各按钮功能同上。

(3) 单击【视图】选项卡【导航】面板上的范围缩放命令按钮 范围 ▾ 右侧的下三角按钮，显示全部缩放命令，如图 2-19 所示。

注意：如果【视图】选项卡没有显示【导航】面板，可通过以下方法设置：单击【视图】选项卡，再右击【视图】选项卡，如图 2-20 所示，依次选择【显示面板】|【导航】，即可显示【导航】面板。

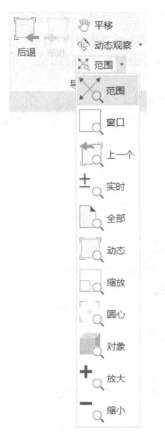

图 2-19 【导航】面板视图缩放命令   图 2-20   设置【导航】面板

2. 视图的平移

有 3 种输入命令的方式。

（1）在命令行中输入 PAN 或 p 并回车，此时，光标变成手形光标，按住鼠标左键在绘图区内上下左右移动鼠标，即可实现图形的平移。

（2）选择下拉菜单栏中的【视图】|【平移】|【实时】命令，也可输入平移命令。

（3）单击【视图】选项卡【导航】面板上的平移按钮 🖑 平移 ，输入平移命令。

注意：各种视图的缩放和平移命令在执行过程中均可以按 Esc 键提前结束命令。

任务 2.8 选择对象

1. 执行编辑的命令

（1）先输入编辑命令，在"选择对象"提示下，再选择合适的对象。

（2）先选择对象，所有选择的对象以夹点状态显示，再输入编辑命令。

2. 构造选择集的操作

在选择对象过程中，选中的对象呈亮显状态，选择对象的方法如下。

（1）使用拾取框选择对象。例如：要选择圆形，在圆形的边线上单击即可。

（2）指定矩形选择区域。在"选择对象"提示下，单击拾取 2 点作为矩形的 2 个对角点，如果第二个角点位于第一个角点的右边，窗口以实线显示，叫作"W 窗口"，此时完全包含在窗口之内的对象被选中；如果第二个角点位于第一个角点的左边，窗口以虚线显示，叫作"C 窗口"，此时完全包含在窗口之内的对象及与窗口边界相交的所有对象均被选中。

（3）F（Fence）：栏选方式，即可以画多条直线，直线之间可以与自身相交，凡与直线相交的对象均被选中。

（4）P（Previous）：前次选择集方式，可以选择上一次选择集。

（5）R（Remove）：删除方式，用于把选择集由加入方式转换为删除方式，可以删除误选到选择集中的对象。

（6）A（Add）：添加方式，把选择集由删除方式转换为加入方式。

（7）U（Undo）：放弃前一次选择操作。

任务2.9　对象捕捉工具

在绘制图形时，可以使用直角坐标和极坐标精确定位点，但是对于所需要找到的如端点、交点、中心点等的坐标是未知的，要想精确地找到这些点是很难的。利用 AutoCAD 2024 提供的精确定位工具，可以很容易地在屏幕上捕捉到这些点，从而进行精确、快速的绘图。

对象捕捉是一种特殊点的输入方法，该操作不能单独进行，只有在执行某个命令需要指定点时才能调用。AutoCAD 对象捕捉类型与方式见表 2-1。

表 2-1　AutoCAD 对象捕捉类型与方式

捕捉类型	表示方式	命令方式
端点捕捉	□	END
中点捕捉	△	MID
圆心捕捉	○	CEN
几何中心	○	GCEN
节点捕捉	⊗	NOD
象限点捕捉	◇	QUA
交点捕捉	×	INT
延长线捕捉	⋯	EXT
插入点捕捉	⤵	INS
垂足捕捉	⊥	PER
切点捕捉	⊙	TAN
最近点捕捉	⊠	NEA
外观交点捕捉	⊠	APPINT
平行线捕捉	∥	PAR

启用对象捕捉方式的常用方法如下。

（1）在命令行中直接输入所需对象捕捉命令的英文缩写。

（2）在状态栏上右击【对象捕捉】按钮，打开快捷菜单进行选择，如图 2-21 所示。

（3）在绘图区中按住 Shift 键再右击，从弹出的快捷菜单中选择相应的捕捉方式，如图 2-22 所示。

图 2-21　状态栏对象捕捉按钮快捷菜单

图 2-22　对象捕捉快捷菜单

以上自动捕捉设置方式可同时设置一种以上捕捉模式，当不止一种模式被启用时，AutoCAD 会根据其对象类型来选用模式。如在捕捉框中不止一个对象，且它们相交，则"交点"模式优先。圆心、交点、端点模式是绘图中最有用的组合，该组合可找到用户所需的大多数捕捉点。

> **项目小结：** 本项目简单介绍了 AutoCAD 2024 的启动和退出的方法，详细讲解了 AutoCAD 2024 界面的各个组成部分及其功能，新建、打开、存储文件和另存文件的方法，阐述了数据的几种输入方式。本项目还介绍了绘图的界限、单位、图层的设置方法，视图的显示控制、选择对象的方法，对象捕捉的方法，这部分内容可以使初学者很好地认识 AutoCAD 的基本功能，快速掌握其操作方法，对于快速绘图也起到一定的铺垫作用。

思考与练习

1. 思考题。

（1）如何启动和退出 AutoCAD 2024？

（2）AutoCAD 2024 的界面由哪几部分组成？

（3）如何保存 AutoCAD 文件？

（4）图形界限有什么作用？如何设置图形界限？

（5）常用的构造选择集操作有哪些？

2. 将下面左侧的命令与右侧的功能连接起来。

SAVE　　　　　　　　　　打开

OPEN　　　　　　　　　　新建

NEW　　　　　　　　　　保存

LAYER　　　　　　　　　缩放

LIMITS　　　　　　　　　图层

UNITS　　　　　　　　　绘图界限

PAN　　　　　　　　　　平移

ZOOM　　　　　　　　　绘图单位

3. 选择题。

（1）以下 AutoCAD 2024 的退出方式中，正确的是（　　）。

A. 单击 AutoCAD 2024 界面右上角的 ✖ 按钮，退出 AutoCAD 系统

B. 选择下拉菜单栏中的【文件】|【退出】命令，退出 AutoCAD 系统

C. 按键盘上的 Alt+F4 组合键，退出 AutoCAD 系统

D. 在命令行中输入 QUIT 或 EXIT 命令后按回车键

（2）设置图形单位的命令是（　　）。

A. SAVE　　　　　　B. LIMITS　　　　　　C. UNITS　　　　　　D. LAYER

（3）在 ZOOM 命令中，E 选项的含义是（　　）。

A. 拖动鼠标连续地放大或缩小图形　　　B. 尽可能大地在窗口内显示已编辑图形

C. 通过两点指定一个矩形窗口放大图形　　D. 返回前一次视图

（4）处于（　　）中的图形对象不能被删除。

A. 锁定的图层　　　　　　　　　　　B. 冻结的图层

C. 0 图层　　　　　　　　　　　　　D. 当前图层

（5）坐标值@200，100 属于（　　）表示方法。

A. 绝对直角坐标　　　　　　　　　　B. 相对直角坐标

C. 绝对极坐标　　　　　　　　　　　D. 相对极坐标

项目 3   二维绘图命令

任何复杂的图形都是由直线、圆、圆弧等基本的二维图形组合而成的，这些基本的二维图形形状简单，容易创建，掌握它们的绘制方法是学习 AutoCAD 的基础。本项目将通过实例详细讲解二维基本绘图命令的使用方法。

任务 3.1   绘制茶几平面图

本任务以茶几平面图为例，讲解直线命令的使用方法，绘制结果如图 3-1 所示。

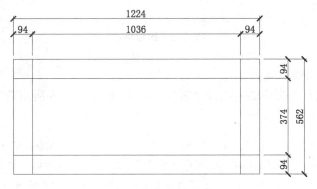

图 3-1   茶几平面图

步骤如下。

（1）双击 Windows 桌面上的 AutoCAD 2024 快捷方式图标，打开 AutoCAD 2024。

（2）设置图形界限。

选择下拉菜单栏中的【格式】|【图形界限】命令，命令行提示如下：

命令:'_limits
重新设置模型空间界限：
指定左下角点或［开(ON)/关(OFF)] <0.0000,0.0000>:   //回车,指定左下角点为坐标原点
指定右上角点 <420.0000,297.0000>: 1500,1500   //输入右上角点的坐标并回车

在命令行中输入 z 并回车，命令行提示如下：

命令: z
ZOOM

指定窗口的角点,输入比例因子 (nX 或 nXP),或者

[全部(A)/中心(C)/动态(D)/范围(E)/上一个(P)/比例(S)/窗口(W)/对象(O)] <实时>: a

正在重生成模型。　　　　　　　　　　//输入 a 选择【全部(A)】选项并回车,显示图形界限

(3) 绘制茶几外部图形。

单击【绘图】面板中的直线命令按钮 ✎,命令行提示如下:

命令:_line 指定第一个点:　　　　　　　//在绘图区之内适当一点处单击

指定下一点或 [放弃(U)]:<极轴 开> 1224

//单击键盘上的 F10 键打开极轴,沿水平向右极轴方向输入距离 1224 并回车

指定下一点或 [放弃(U)]: 562　　　　　//沿垂直向下的极轴方向输入距离值 562 并回车

指定下一点或 [闭合(C)/放弃(U)]: 1224　//沿水平向左极轴方向输入 1224 并回车

指定下一点或 [闭合(C)/放弃(U)]: c　　　//键盘输入 c 并回车,封闭图形并结束命令

绘制完成的图形如图 3-2 所示。

图 3-2　图形形态

(4) 绘制茶几内部图形。

① 单击【绘图】面板中的直线命令按钮 ✎,绘制如图 3-5 所示的直线 BC,命令行提示如下:

命令:_line 指定第一个点: 94　//将鼠标移至 A 点,出现绿色的端点捕捉提示,如图 3-3 所示,沿垂

　　　　　　　　　　　　　　　　//直向上方向慢慢移动鼠标,出现对象追踪线,输入距离 94 并回车确定 B 点,如图 3-4 所示

指定下一点或 [放弃(U)]:　　　//水平向右移动鼠标,出现如图 3-4 所示的交点捕捉提示,单击,

　　　　　　　　　　　　　　　　//确定 C 点

指定下一点或 [放弃(U)]:　　　//回车,结束命令

绘制结果如图 3-5 所示。

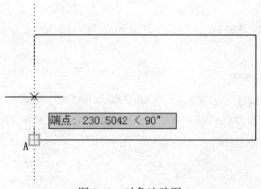

图 3-3　对象追踪图

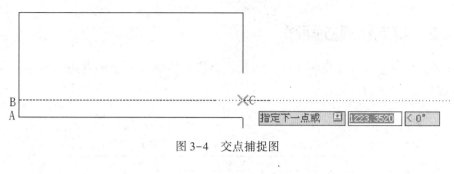

图 3-4　交点捕捉图

图 3-5　绘制直线 BC

② 绘制直线 EF。再一次单击【绘图】面板中的直线命令按钮 ✐，命令行提示如下：

命令：_line 指定第一个点：94　　//将鼠标移至 D 点(见图 3-6)，出现绿色的端点捕捉提示，

　　　　　　　　　　　　　　　//沿垂直向下方向慢慢移动鼠标，出现对象追踪线，输入距离 94 并回车，确定 E 点

指定下一点或 [放弃(U)]：　　　//水平向右移动鼠标，在 F 点出现交点捕捉提示，单击，确定 F 点

指定下一点或 [放弃(U)]：　　　//回车，结束命令

绘制结果如图 3-6 所示。

③ 同样，可以运用直线命令结合对象捕捉和对象追踪功能绘制直线 GH 和 MN，结果如图 3-7 所示，完成茶几平面图的绘制。

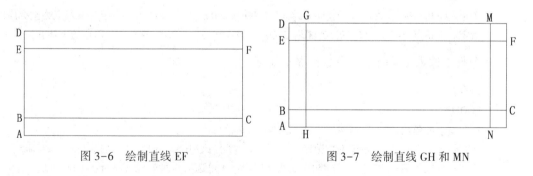

图 3-6　绘制直线 EF　　　　　　　　　图 3-7　绘制直线 GH 和 MN

注意：AutoCAD 2024 激活命令的方法有 3 种：通过下拉菜单激活命令；通过面板中的工具按钮激活命令；在命令行中直接输入命令名激活命令。

任务小结：本任务主要应用直线命令。在用直线命令绘制水平线和垂直线时，应打开极轴。直线命令中的【闭合(C)】选项可以用来封闭图形并结束命令，【放弃(U)】选项可以用来放弃前一步操作，直至放弃所指定直线的第一点。

任务 3.2　绘制餐桌立面图

本任务以餐桌立面图（见图 3-8）为例，讲解矩形命令的使用方法。另外，本任务还涉及直线命令、镜像命令等。

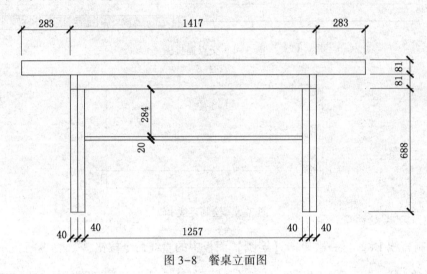

图 3-8　餐桌立面图

步骤如下。

（1）双击 Windows 桌面上的 AutoCAD 2024 快捷方式图标，打开 AutoCAD 2024。

（2）设置图形界限。

选择下拉菜单栏中的【格式】|【图形界限】命令，命令行提示如下：

命令：' _limits
重新设置模型空间界限：
指定左下角点或 [开(ON)/关(OFF)] <0.0000,0.0000>：　　//回车，指定左下角点为坐标原点
指定右上角点 <420.0000,297.0000>：2500,2500　　　　//输入右上角点的坐标并回车

在命令行中输入 z 并回车，命令行提示如下：

命令：z
ZOOM
指定窗口的角点，输入比例因子 (nX 或 nXP)，或者
[全部(A)/中心(C)/动态(D)/范围(E)/上一个(P)/比例(S)/窗口(W)/对象(O)] <实时>：a
正在重生成模型。　　　　//输入 a 选择【全部(A)】选项并回车，显示图形界限

（3）绘制桌面。

单击【绘图】面板中的矩形命令按钮囗，命令行提示如下：

命令：_rectang
指定第一个角点或 [倒角(C)/标高(E)/圆角(F)/厚度(T)/宽度(W)]：
　　　　　　　　　　　　　　//在绘图区之内适当指定一点
指定另一个角点或 [面积(A)/尺寸(D)/旋转(R)]：d　//输入 d 并回车，选择【尺寸(D)】选项

指定矩形的长度 <50.0000>:1983　　　　　　　　　//输入矩形的长度1983并回车

指定矩形的宽度 <100.0000>:81　　　　　　　　　//输入矩形的宽度81并回车

指定另一个角点或 [面积(A)/尺寸(D)/旋转(R)]:

　　　　　　　　　　　　　　　　　　　　　　//指定矩形所在一侧的点以确定矩形的方向

桌面绘制结果如图3-9所示。

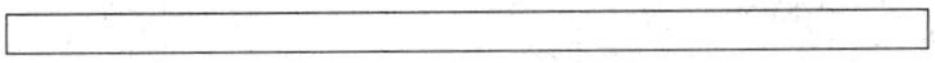

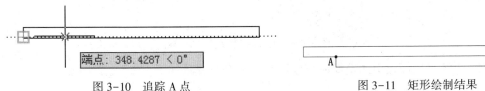

图3-9　桌面绘制结果

(4) 绘制支撑。

① 单击【绘图】面板中的矩形命令按钮 ▭，命令行提示如下：

命令：_rectang

指定第一个角点或 [倒角(C)/标高(E)/圆角(F)/厚度(T)/宽度(W)]：283

　　　　//将鼠标移至如图3-10所示矩形的左下角点处，沿绿色的

　　　　//端点捕捉水平向右追踪283并回车，确定A点

指定另一个角点或 [面积(A)/尺寸(D)/旋转(R)]：d　　//输入d并回车，选择【尺寸(D)】选项

指定矩形的长度 <1983.0000>:1417　　　　　　//输入矩形的长度1417并回车

指定矩形的宽度 <81.0000>:81　　　　　　　　//输入矩形的宽度81并回车

指定另一个角点或 [面积(A)/尺寸(D)/旋转(R)]：　　//在A点的右下方单击，确定矩形的方向

矩形绘制结果如图3-11所示。

端点：348.4287 < 0°

图3-10　追踪A点　　　　　　　　　　　　图3-11　矩形绘制结果

② 单击【绘图】面板中的直线命令按钮 ╱，命令行提示如下：

命令：_line 指定第一个点：40　　　　　　//将鼠标移至图3-11中A点，出现绿色的端点捕捉提示，

　　　　//沿水平向右方向慢慢移动鼠标，出现对象追踪线，输入距离40并回车，确定直线端点

指定下一点或 [放弃(U)]:81　　　　　　//沿垂直向下方向输入距离81并回车

指定下一点或 [放弃(U)]:　　　　　　　//回车，结束命令

绘制结果如图3-12所示。

③ 单击【修改】面板中的镜像命令按钮 ⚏，命令行提示如下：

命令：_mirror

选择对象：找到 1 个　　　　　　　　//选择刚刚绘制的直线

选择对象：　　　　　　　　　　　　//回车，结束对象选择状态

指定镜像线的第一点：　　　　　　　//捕捉中点B(见图3-13)作为镜像线的第一个点

指定镜像线的第二点：　　　　　　　//捕捉中点C(见图3-13)作为镜像线的第二个点

要删除源对象吗？[是(Y)/否(N)] <否>:　//回车，不删除源对象

镜像结果如图 3-13 所示。

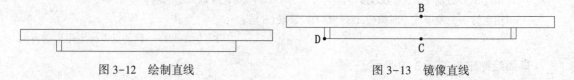

图 3-12　绘制直线　　　　　　　　　　　图 3-13　镜像直线

（5）绘制桌腿。

① 单击【绘图】面板中的矩形命令按钮□，命令行提示如下：

命令：_rectang
指定第一个角点或 ［倒角(C)/标高(E)/圆角(F)/厚度(T)/宽度(W)］：//捕捉 D 点
指定另一个角点或 ［面积(A)/尺寸(D)/旋转(R)］：d　//输入 d 并回车,选择【尺寸(D)】选项
指定矩形的长度 <1983.0000>：40　　　　　　//输入矩形的长度 40 并回车
指定矩形的宽度 <81.0000>：688　　　　　　//输入矩形的宽度 688 并回车
指定另一个角点或 ［面积(A)/尺寸(D)/旋转(R)］：//指定矩形所在一侧的点以确定矩形的方向

绘制结果如图 3-14 所示。

图 3-14　矩形绘制结果

② 单击【修改】面板中的镜像命令按钮◢◣，命令行提示如下：

命令：_mirror
选择对象：找到 1 个　　　　　　　　　　//选择刚刚绘制的矩形
选择对象：　　　　　　　　　　　　　　//回车,结束对象选择状态
指定镜像线的第一点：　　　　　　　　　//捕捉 E 点作为镜像线的第一个点
指定镜像线的第二点：　　　　　　　　　//捕捉 F 点作为镜像线的第二个点
要删除源对象吗? ［是(Y)/否(N)］ <否>：　//回车,不删除源对象

镜像结果如图 3-15 所示。

图 3-15　镜像矩形

③ 再一次单击【修改】面板中的镜像命令按钮▲▲，命令行提示如下：

命令：_mirror

选择对象：找到 2 个　　　　　　　　　//选择左侧的桌腿

选择对象：　　　　　　　　　　　　　//回车，结束对象选择状态

指定镜像线的第一点：　　　　　　　　//捕捉中点 B 作为镜像线的第一个点

指定镜像线的第二点：　　　　　　　　//捕捉中点 C 作为镜像线的第二个点

要删除源对象吗？［是(Y)/否(N)］<否>：//回车，不删除源对象

镜像结果如图 3-16 所示。

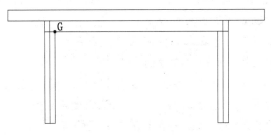

图 3-16　镜像左侧桌腿

④ 单击【绘图】面板中的直线命令按钮╱，命令行提示如下：

命令：_line 指定第一个点：284　//将鼠标移至图 3-16 中 G 点，出现绿色的端点捕捉提示，

　　//沿垂直向下方向慢慢移动鼠标，出现对象追踪线，输入距离 284 并回车，确定直线第一点 H

指定下一点或［放弃(U)］:1257　//沿水平向右极轴方向输入距离 1257 并回车，确定直线 HI

指定下一点或［放弃(U)］：　　//回车，结束命令

直线 HI 绘制结果如图 3-17 所示。

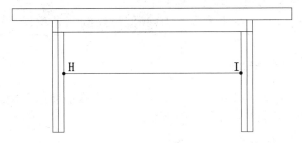

图 3-17　绘制直线 HI

再一次单击【绘图】面板中的直线命令按钮╱，命令行提示如下：

命令：_line 指定第一个点：284　//将鼠标移至图 3-17 中 H 点，出现绿色的端点捕捉提示，

　　//沿垂直向下方向慢慢移动鼠标，出现对象追踪线，输入距离 20 并回车，确定直线第一个点

指定下一点或［放弃(U)］:1257　//沿水平向右极轴方向输入距离 1257 并回车

指定下一点或［放弃(U)］：　　//回车，结束命令

绘制结果如图 3-18 所示。

图 3-18　直线绘制结果

注意：矩形命令各选项含义如下。

① 倒角（C）：用于设置矩形倒角的距离。

② 标高（E）：用于设置矩形在三维空间内的基面高度。

③ 圆角（F）：用于设置矩形圆角半径的大小。

④ 厚度（T）：用于设置矩形的厚度，一般用于三维制图。

⑤ 宽度（W）：用于设置矩形各边的线宽，默认宽度为0。

⑥ 面积（A）：用于指定矩形的面积和长度或宽度的值以绘制矩形。

输入 a 选择面积选项后，命令行提示：

　　输入以当前单位计算的矩形面积 <100.0000>：　　　//输入矩形的面积

　　计算矩形标注时依据［长度(L)/宽度(W)］<长度>：　//选择长度或宽度选项

　　输入矩形长度 <50.0000>：　　　　　　　　　　//指定相应选项的长度

⑦ 尺寸（D）：用于指定矩形的长度和宽度值来绘制矩形。

⑧ 旋转（R）：用于设置矩形的旋转角度。

> **任务小结**：本任务主要应用矩形命令、直线命令和镜像命令。输入矩形命令后，可以选择【倒角(C)】【标高(E)】【圆角(F)】【厚度(T)】【宽度(W)】选项。在指定第一个角点后，可以选择【面积(A)】【尺寸(D)】【旋转(R)】选项。

任务3.3　绘制浴霸平面图

本任务以浴霸平面图（见图3-19）为例，讲解圆命令的使用方法。本任务还涉及矩形命令、偏移命令等。

步骤如下。

（1）双击 Windows 桌面上的 AutoCAD 2024 快捷方式图标，打开 AutoCAD 2024。

（2）设置图形界限。

选择下拉菜单栏中的【格式】|【图形界限】命令，根据命令行提示指定左下角点为坐标原点，右上角点为"500,500"。

在命令行中输入 ZOOM 命令，回车后输入 a 选择【全部（A）】选项，显示图形界限。

（3）绘制矩形。

① 绘制大矩形。

单击【绘图】面板中的矩形命令按钮 ▢，命令行提示如下：

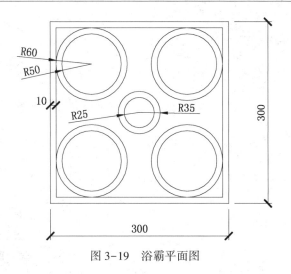

图 3-19　浴霸平面图

命令：_rectang

指定第一个角点或 ［倒角(C)/标高(E)/圆角(F)/厚度(T)/宽度(W)］：

　　　　　　　　　　　　　　　　　　　　//在绘图区之内适当指定一点

指定另一个角点或 ［面积(A)/尺寸(D)/旋转(R)］：d 　输入 d 并回车,选择【尺寸(D)】选项

指定矩形的长度 <50.0000>:300　　　　　//输入矩形的长度 300 并回车

指定矩形的宽度 <100.0000>:300　　　　 //输入矩形的宽度 300 并回车

指定另一个角点或 ［面积(A)/尺寸(D)/旋转(R)］：

　　　　　　　　　　　　　　　　　　　　//指定矩形所在一侧的点以确定矩形的方向

② 偏移复制小矩形。

单击【修改】面板中的偏移命令按钮，命令行提示如下：

命令：_offset

当前设置：删除源=否　图层=源　OFFSETGAPTYPE=0

指定偏移距离或 ［通过(T)/删除(E)/图层(L)］<1.0000>:10　//输入偏移距离 10 并回车

选择要偏移的对象,或 ［退出(E)/放弃(U)］<退出>：　　//选择大矩形

指定要偏移的那一侧上的点,或 ［退出(E)/多个(M)/放弃(U)］<退出>：

　　　　　　　　　　　　　　　　　　　　//在大矩形内适当一点处单击

选择要偏移的对象,或 ［退出(E)/放弃(U)］<退出>：　　//回车,结束命令

绘制结果如图 3-20 所示。

(4) 绘制圆。

① 绘制大圆。

单击【绘图】面板中【圆】按钮下侧的下三角按钮，选择 【相切，相切，半径】选项，圆下拉按钮如图 3-21 所示，命令行提示如下：

命令：_circle

指定圆的圆心或 ［三点(3P)/两点(2P)/切点、切点、半径(T)］：_ttr

指定对象与圆的第一个切点：　//将十字光标移至小矩形的上侧边,出现绿色捕捉提示,单击

指定对象与圆的第二个切点：　//同理,选择小矩形的左侧边单击

指定圆的半径 <35.0000>:60　//输入圆的半径 60 并回车

图 3-20　矩形绘制结果

图 3-21　圆下拉按钮

绘制结果如图 3-22 所示。

同理，运用"相切，相切，半径"画圆方法绘制另外三个大圆，绘制结果如图 3-23 所示。

图 3-22　绘制一个大圆

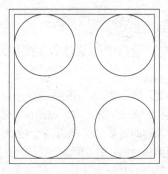

图 3-23　绘制其他三个大圆

② 绘制小圆。

单击【绘图】面板中【圆】按钮⊙下侧的下三角按钮▣，选择⊘⌖ 圆心, 半径【圆心，半径】选项，命令行提示如下：

命令：_circle 指定圆的圆心或 [三点(3P)/两点(2P)/切点、切点、半径(T)]：
//右击状态栏中的对象捕捉按钮,如图 3-24 所示,选中"几何中心"捕捉模式。捕捉小矩形正中点
　为圆心,如图 3-25 所示
指定圆的半径或 [直径(D)]：35　　　　　　　//输入圆的半径 35 并回车

再一次单击【绘图】面板中【圆】按钮⊙下侧的下三角按钮▣，选择⊘⌖ 圆心, 半径【圆心，半径】选项，绘制小圆的同心圆，命令行提示如下：

图 3-24　设置"几何中心"捕捉模式

命令：_circle 指定圆的圆心或 [三点(3P)/两点(2P)/切点、切点、半径(T)]：
　　　　　　　　　　　　　　　　　//捕捉矩形的几何中心为圆心
指定圆的半径或 [直径(D)] <35.0000>：25　　//输入圆的半径 25 并回车

同样，右击状态栏中的对象捕捉按钮，选中"圆心"捕捉模式。以半径为 60 的大圆的圆心为圆心，绘制半径为 50 的同心圆，绘制结果如图 3-26 所示。

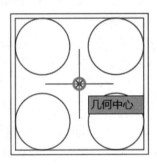

图 3-25　矩形的几何中心

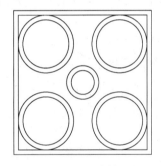

图 3-26　最终结果

注意：键盘输入圆命令 CIRCLE 或 c 后，命令行提示如下：

命令：_circle 指定圆的圆心或 [三点(3P)/两点(2P)/相切、相切、半径(T)]：

各参数及选项的含义与下拉按钮栏中相应命令相同，只是没有【相切，相切，相切】选项。

任务小结：本任务主要应用矩形命令和圆命令。圆命令有 6 种画圆方法，参见图 3-21，前 5 种方法可以通过输入快捷键 c 的方法实现，第 6 种方法只能通过单击下拉按钮或下拉菜单的方式输入命令。

任务 3.4　绘制门平面图

例 1：以 M1 平面图（见图 3-27）为例，讲解圆弧命令的使用方法。

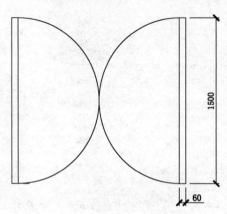

图 3-27　M1 平面图

步骤如下。

（1）双击 Windows 桌面上的 AutoCAD 2024 快捷方式图标，打开 AutoCAD 2024。

（2）设置图形界限。

选择下拉菜单栏中的【格式】|【图形界限】命令，根据命令行提示指定左下角点为坐标原点，右上角点为 "2000,2000"。

在命令行中输入 ZOOM 命令，回车后输入 a 选择【全部（A）】选项，显示图形界限。

（3）绘制矩形。

单击【绘图】面板中的矩形命令按钮 ▭，命令行提示如下：

> 命令：_rectang
> 指定第一个角点或 [倒角（C）/标高（E）/圆角（F）/厚度（T）/宽度（W）]：
> 　　　　　　　　　　　　　　　　　　　　　//在绘图区之内适当指定一点
> 指定另一个角点或 [面积（A）/尺寸（D）/旋转（R）]：d　//输入 d 并回车，选择【尺寸（D）】选项
> 指定矩形的长度 <50.0000>:60　　　　　　　//输入矩形的长度 60 并回车
> 指定矩形的宽度 <100.0000>:1500　　　　　//输入矩形的宽度 1500 并回车
> 指定另一个角点或 [面积（A）/尺寸（D）/旋转（R）]：　//指定矩形所在一侧的点以确定矩形的方向

矩形绘制结果如图 3-28 所示。

（4）绘制圆弧。

单击【绘图】面板中圆弧按钮 下侧的下三角按钮，选择【起点，端点，方向】选项，圆弧下拉按钮如图 3-29 所示，命令行提示如下：

> 命令：_arc
> 指定圆弧的起点或 [圆心（C）]：　　　　　//捕捉 A 点作为圆弧的起点
> 指定圆弧的第二个点或 [圆心（C）/端点（E）]：_e
> 指定圆弧的端点：　　　　　　　　　　　//捕捉 B 点作为圆弧的端点
> 指定圆弧的中心点（按住 Ctrl 键以切换方向）或 [角度（A）/方向（D）/半径（R）]：_d
> 指定圆弧起点的相切方向（按住 Ctrl 键以切换方向）：
> 　　　//沿 A 点水平向右极轴方向任取一点单击，确定圆弧的起点切向

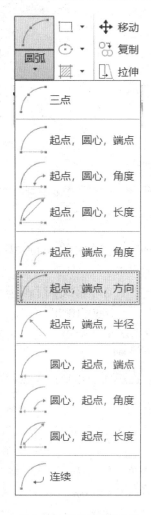

图 3-28　矩形绘制结果　　　　　　图 3-29　圆弧下拉按钮

绘制结果如图 3-30 所示。

（5）镜像图形。

单击【修改】面板中的镜像命令按钮 ⚎，命令行提示如下：

> 命令：_mirror
> 选择对象：指定对角点：找到 2 个 //选择图 3-30 中的矩形和圆弧
> 选择对象：　　　　　　　　　 //回车，结束对象选择状态
> 指定镜像线的第一点：　　　　 //捕捉圆弧中点 C 作为镜像线的第一个点
> 指定镜像线的第二点：　　　　 //捕捉圆弧中点 C 垂直方向上任意一点作为镜像线的第二个点
> 要删除源对象吗？［是(Y)/否(N)］＜否＞：　　//回车，不删除源对象

镜像结果参见图 3-27。

例 2：以 M2 平面图（见图 3-31）为例，讲解圆弧命令的另一种使用方法。

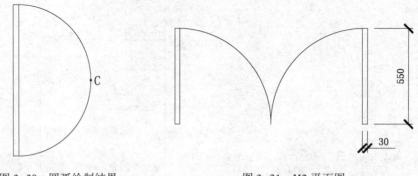

图 3-30　圆弧绘制结果　　　　　　　　　图 3-31　M2 平面图

步骤如下。

（1）双击 Windows 桌面上的 AutoCAD 2024 快捷方式图标，打开 AutoCAD 2024。

（2）设置图形界限。

选择下拉菜单栏中的【格式】|【图形界限】命令，根据命令行提示指定左下角点为坐标原点，右上角点为"1000,1000"。

在命令行中输入 ZOOM 命令，回车后输入 a 选择【全部（A）】选项，显示图形界限。

（3）绘制矩形。

单击【绘图】面板中的矩形命令按钮□，命令行提示如下：

> 命令：_rectang
> 指定第一个角点或［倒角（C）/标高（E）/圆角（F）/厚度（T）/宽度（W）］：
> 　　　　　　　　　　　　//在绘图区之内适当指定一点
> 指定另一个角点或［面积（A）/尺寸（D）/旋转（R）］：d　//输入 d 并回车选择【尺寸（D）】选项
> 指定矩形的长度 <50.0000>:30　//输入矩形的长度 30 并回车
> 指定矩形的宽度 <100.0000>:550　//输入矩形的宽度 550 并回车
> 指定另一个角点或［面积（A）/尺寸（D）/旋转（R）］：
> 　　　　　　　　　　　　//指定矩形所在一侧的点以确定矩形的方向

绘制结果如图 3-32 所示。

（4）绘制圆弧。

单击【绘图】面板中圆弧按钮下侧的下三角按钮，选择／ 起点，圆心，端点【起点，圆心，端点】选项，命令行提示如下：

> 命令：_arc
> 指定圆弧的起点或［圆心（C）］：　　　　　　//捕捉 A 点作为圆弧的起点
> 指定圆弧的第二个点或［圆心（C）/端点（E）］：_c
> 指定圆弧的圆心：　　　　　　　　　　//捕捉 B 点作为圆弧的圆心
> 指定圆弧的端点（按住 Ctrl 键以切换方向）或［角度（A）/弦长（L）］：
> 　　　　　　　　　　//在沿 B 点水平向左极轴方向任意一点处单击

绘制结果如图 3-33 所示。

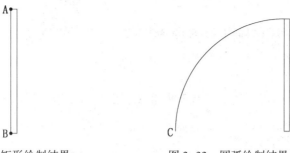

图 3-32   矩形绘制结果   图 3-33   圆弧绘制结果

（5）镜像图形。

单击【修改】面板中的镜像命令按钮 ⚌，命令行提示如下：

> 命令：_mirror
> 选择对象：指定对角点：找到 2 个   //选择图 3-33 中的矩形和圆弧
> 选择对象：   //回车，结束对象选择状态
> 指定镜像线的第一点：   //捕捉圆弧端点 C 作为镜像线的第一个点
> 指定镜像线的第二点：   //捕捉圆弧端点 C 垂直方向上任意一点作为镜像线的第二个点
> 要删除源对象吗？［是(Y)/否(N)］<否>：   //回车，不删除源对象

镜像结果参见图 3-31。

> **任务小结**：本任务主要应用了圆弧命令和矩形命令。圆弧命令的 11 种绘制方法，参见图 3-29。圆弧命令的另 2 种输入方式为：选择下拉菜单栏中的【绘图】|【圆弧】命令，或者键盘输入 ARC 或 a。

任务 3.5   绘制拼花图案

本任务以拼花图案（见图 3-34）为例，讲解正多边形命令、填充命令的使用方法。另外，本任务还涉及矩形命令、圆命令等。

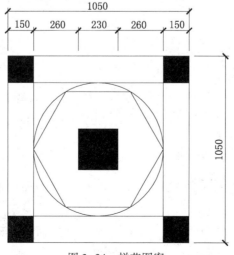

图 3-34   拼花图案

步骤如下。

（1）双击 Windows 桌面上的 AutoCAD 2024 快捷方式图标，打开 AutoCAD 2024。

（2）绘制矩形。

① 绘制大矩形。

单击【绘图】面板中的矩形命令按钮 □，命令行提示如下：

> 命令：_rectang
> 指定第一个角点或 ［倒角(C)/标高(E)/圆角(F)/厚度(T)/宽度(W)］：
> 　　　　　　　　　　　　　　　　　　　//在绘图区之内适当指定一点
> 指定另一个角点或 ［面积(A)/尺寸(D)/旋转(R)］：d //输入 d 并回车，选择【尺寸(D)】选项
> 指定矩形的长度 <50.0000>：1050　　　　　//输入矩形的长度 1050 并回车
> 指定矩形的宽度 <100.0000>：1050　　　　//输入矩形的宽度 1050 并回车
> 指定另一个角点或 ［面积(A)/尺寸(D)/旋转(R)］：
> 　　　　　　　　　　　　　　　//指定矩形所在一侧的点以确定矩形的方向

② 绘制小矩形。

单击【修改】面板中的偏移命令按钮 ⊏，命令行提示如下：

> 命令：_offset
> 当前设置：删除源=否　图层=源　OFFSETGAPTYPE=0
> 指定偏移距离或 ［通过(T)/删除(E)/图层(L)］<1.0000>：150
> 　　　　　　　　　　　　　　　　　//输入偏移距离 150 并回车
> 选择要偏移的对象，或 ［退出(E)/放弃(U)］<退出>：　//选择大矩形
> 指定要偏移的那一侧上的点，或 ［退出(E)/多个(M)/放弃(U)］<退出>：
> 　　　　　　　　　　　　　　　//在大矩形内适当一点处单击
> 选择要偏移的对象，或 ［退出(E)/放弃(U)］<退出>：　//回车，结束命令

再一次按回车键，输入上一次命令偏移命令，命令行提示如下：

> 命令：OFFSET
> 当前设置：删除源=否　图层=源　OFFSETGAPTYPE=0
> 指定偏移距离或 ［通过(T)/删除(E)/图层(L)］<1.0000>：260　//输入偏移距离 260 并回车
> 选择要偏移的对象，或 ［退出(E)/放弃(U)］<退出>：　　　//选择小矩形
> 指定要偏移的那一侧上的点，或 ［退出(E)/多个(M)/放弃(U)］<退出>：
> 　　　　　　　　　　　　　　　//在小矩形内适当一点处单击
> 选择要偏移的对象，或 ［退出(E)/放弃(U)］<退出>：　//回车，结束命令

绘制结果如图 3-35 所示。

（3）绘制圆。

单击【绘图】面板中【圆】按钮 ○ 下侧的下三角按钮 ，选择 ○ 相切，相切，相切 【相切，相切，相切】选项，如图 3-36 所示，命令行提示如下：

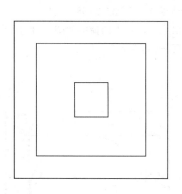

图 3-35 矩形绘制结果   图 3-36 圆下拉按钮

命令：_circle
指定圆的圆心或 [三点(3P)/两点(2P)/ 切点、切点、半径(T)]：_3p
指定圆上的第一个点：_tan 到   //将十字光标移至中间矩形的左边缘，出现绿色捕捉提示，单击
指定圆上的第二个点：_tan 到   //同理，选择中间矩形的上边
指定圆上的第三个点：_tan 到   //选择中间矩形的下边

绘制结果如图 3-37 所示。

（4）绘制正六边形。

单击【绘图】面板中的矩形命令按钮 □ 右侧的下三角按钮 ▾，选择多边形命令按钮
⬠多边形，命令行提示如下：

命令：_polygon 输入侧面数 <4>:6   //输入边的数目 6 并回车
指定正多边形的中心点或 [边(E)]：   //捕捉圆的圆心
输入选项 [内接于圆(I)/外切于圆(C)] < C >:i   //输入 i 并回车，选择【内接于圆(I)】选项
指定圆的半径：375   //输入外接圆的半径 375 并回车

绘制结果如图 3-38 所示。

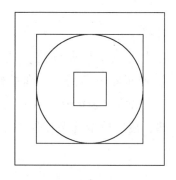

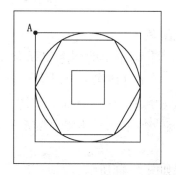

图 3-37 圆绘制结果   图 3-38 正六边形绘制结果

（5）绘制相应的直线。

① 单击【绘图】面板中的直线命令按钮 ╱，命令行提示如下：

命令：_line 指定第一个点：　　　　　　//捕捉 A 点（见图 3-38）
指定下一点或［放弃（U）］：　　　　　//沿水平向左方向捕捉如图 3-39 所示的交点
指定下一点或［放弃（U）］：　　　　　//回车,结束命令

绘制结果如图 3-40 所示。

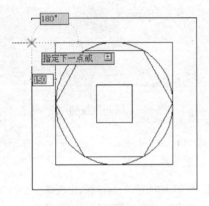

图 3-39　交点捕捉提示

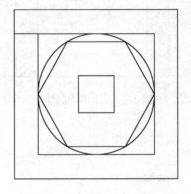

图 3-40　一条直线绘制结果

② 同理，运用直线命令绘制其他直线，绘制结果如图 3-41 所示。

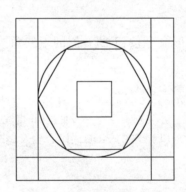

图 3-41　其他直线绘制结果

（6）填充图案。

单击【绘图】面板中的图案填充命令按钮 ▨，弹出【图案填充创建】选项卡，如图 3-42 所示。单击【图案填充创建】选项卡【图案】面板右下角的下三角按钮 ▼，将显示 AutoCAD 中所有的填充图案，如图 3-43 所示，从中选择 "SOLID" 填充图案。单击【拾取点】按钮 ▨，依次单击需要填充图案的图形内部，最后单击【关闭图案填充创建】按钮。

填充效果如图 3-44 所示。

图 3-42　【图案填充创建】选项卡

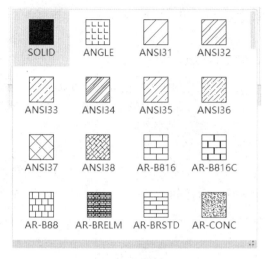

图 3-43　填充图案

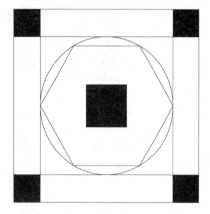

图 3-44　填充效果

> **任务小结**：本任务主要讲解正多边形命令和填充命令的使用方法。绘制正多边形有 2 种方法：一种方法是通过正多边形的内切圆或外接圆的圆心及半径绘制；另一种方法是通过正多边形的边绘制。

任务 3.6　绘制工艺吊灯平面图

本任务以工艺吊灯平面图（见图 3-45）为例，讲解椭圆命令的使用方法，另外，本任务还涉及直线命令、圆命令和阵列命令等。

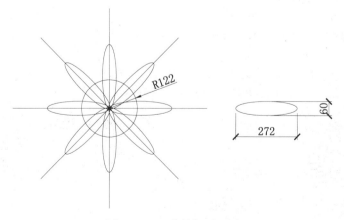

图 3-45　工艺吊灯平面图

步骤如下。

(1) 双击 Windows 桌面上的 AutoCAD 2024 快捷方式图标, 打开 AutoCAD 2024。

(2) 设置图形界限。

选择下拉菜单栏中的【格式】|【图形界限】命令, 根据命令行提示指定左下角点为坐标原点, 右上角点为 "1000,1000"。

在命令行中输入 ZOOM 命令, 回车后选择【全部(A)】选项, 显示图形界限。

(3) 绘制直线 AB。

单击【绘图】面板中的直线命令按钮 ✎, 命令行提示如下:

命令: _line 指定第一个点:	//在绘图区之内适当一点处单击
指定下一点或［放弃(U)］: 425	//沿水平向右的极轴方向输入距离 425 并回车
指定下一点或［放弃(U)］:	//回车, 结束命令

绘制结果如图 3-46 所示。

(4) 阵列直线 AB。

单击【修改】面板中的矩形阵列命令按钮 ▦ 阵列 · 右侧的下三角按钮, 选择环形阵列命令按钮 环形阵列, 如图 3-47 所示, 命令行提示如下:

图 3-46　绘制直线 AB　　　　　　　　　　　图 3-47　选择环形阵列命令按钮

命令: _arraypolar

| 选择对象: 找到 1 个 | //选择直线 AB |
| 选择对象: | //回车 |

类型 = 极轴　关联 = 是

指定阵列的中心点或［基点(B)/旋转轴(A)］:　　　//捕捉 A 点作为阵列的中心点, 弹出【阵
　　//列创建】选项卡, 如图 3-48 所示, 设置【项目】面板中的"项目数"为 8, "填充"为 360, 单击
　　//【关闭阵列】按钮

选择夹点以编辑阵列或［关联(AS)/基点(B)/项目(I)/项目间角度(A)/填充角度(F)/行(ROW)/层(L)/旋转项目(ROT)/退出(X)］<退出>:　//显示阵列结果

| 默认 | 插入 | 注释 | 参数化 | 视图 | 管理 | 输出 | 附加模块 | 协作 | Express Tools | 精选应用 | 阵列创建 |

极轴	项目数:	8	行数:	1	级别:	1		关联	基点	旋转项目	方向	关闭阵列
	介于:	45	介于:	951.2631	介于:	1						
	填充:	360	总计:	951.2631	总计:	1						
类型	项目		行		层级			特性				关闭

图 3-48　【阵列创建】选项卡

阵列结果如图 3-49 所示。

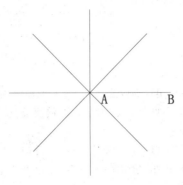

图 3-49　阵列结果

（5）绘制圆。

单击【绘图】面板中圆命令按钮⊙下侧的下三角按钮，选择 ⊙圆心，半径【圆心，半径】选项，命令行提示如下：

命令：_circle 指定圆的圆心或［三点(3P)/两点(2P)/切点、切点、半径(T)］：

　　　　　　　　　　　　　　　　　　　　　　//捕捉 A 点为圆心

指定圆的半径或［直径(D)］：122　　　　　　//输入圆的半径 122 并回车

（6）绘制椭圆。

单击【绘图】面板椭圆命令按钮⊙·右侧的下三角按钮，选择 ◯轴，端点【轴，端点】选项，命令行提示如下：

命令：_ellipse

指定椭圆的轴端点或［圆弧(A)/中心点(C)］：　//捕捉 A 点

指定轴的另一个端点：272　　　　　　　　　　//沿 A 点水平向右极轴方向输入距离 272 并

　　　　　　　　　　　　　　　　　　　　　　//回车

指定另一条半轴长度或［旋转(R)］：30　　　　//输入半轴长度 30 并回车

绘制结果如图 3-50 所示。

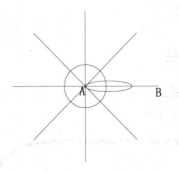

图 3-50　椭圆绘制结果

（7）阵列椭圆。

单击【修改】面板中的矩形阵列命令按钮⊞ 阵列·右侧的下三角按钮，选择环形阵列命令按钮⊙ 环形阵列，命令行提示如下：

命令：_arraypolar

选择对象：找到 1 个　　　　　　　　　　　　　//选择图 3-50 中的椭圆

选择对象：　　　　　　　　　　　　　　　　　//回车

类型 = 极轴　关联 = 是

指定阵列的中心点或 [基点(B)/旋转轴(A)]：　　　//捕捉 A 点作为阵列的中心点，弹出

　　//【阵列创建】选项卡，参见图 3-48，设置【项目】面板中的"项目数"为 8，"填充"为 360，

　　//单击【关闭阵列】按钮

选择夹点以编辑阵列或 [关联(AS)/基点(B)/项目(I)/项目间角度(A)/填充角度(F)/行

(ROW)/层(L)/旋转项目(ROT)/退出(X)] <退出>：　　//显示阵列结果

椭圆阵列结果如图 3-51 所示。

图 3-51　椭圆阵列结果

任务小结：本任务主要应用椭圆命令、圆命令、直线命令和阵列命令等。椭圆有 2 种绘制方法：一种方法是已知椭圆的中心点、一条轴的端点和另一条轴的半轴长度画椭圆；另一种方法是已知椭圆一条轴的两个端点和另一条半轴长度画椭圆。绘图时，应根据已知条件选择不同的方法绘制椭圆。

任务 3.7　绘制弯曲箭头

多段线是由一条或多条直线段和圆弧段连接而成的一个单一对象。本任务运用多段线命令绘制弯曲箭头，绘制结果如图 3-52 所示。

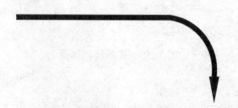

图 3-52　多段线绘制结果

步骤如下。

单击【绘图】面板中的多段线命令按钮 ，命令行提示如下：

命令：_pline

指定起点：　　　　　　　　　　　　　//在绘图区之内适当一点处单击

当前线宽为 0.0000

指定下一个点或 [圆弧(A)/半宽(H)/长度(L)/放弃(U)/宽度(W)]：w　　//输入 w 并回车

指定起点宽度 <0.0000>：5　　　　//输入 5 并回车

指定端点宽度 <5.0000>：　　　　//回车，取默认值 5

指定下一个点或 [圆弧(A)/半宽(H)/长度(L)/放弃(U)/宽度(W)]：150

　　　　　　　　　　　　　　　　//沿水平向右极轴方向输入距离 150 并回车

指定下一点或 [圆弧(A)/闭合(C)/半宽(H)/长度(L)/放弃(U)/宽度(W)]：a

　　　　　　　　　　　　　　　　//输入 a 并回车，由绘制直线转为绘制圆弧

指定圆弧的端点(按住 Ctrl 键以切换方向)或

[角度(A)/圆心(CE)/闭合(CL)/方向(D)/半宽(H)/直线(L)/半径(R)/第二个点(S)/放弃

(U)/宽度(W)]：ce　　　　　　　//输入 ce 并回车，选择【圆心(CE)】选项

指定圆弧的圆心：50　　　　　　//沿垂直向下方向输入距离值 50 并回车，指定圆心

指定圆弧的端点(按住 Ctrl 键以切换方向)或 [角度(A)/长度(L)]：a

　　　　　　　　　　　　　　　　//输入 a 并回车，选择【角度(A)】选项

指定夹角(按住 Ctrl 键以切换方向)：-90　　//输入-90 并回车，指定夹角为-90°

指定圆弧的端点(按住 Ctrl 键以切换方向)或

[角度(A)/圆心(CE)/闭合(CL)/方向(D)/半宽(H)/直线(L)/半径(R)/第二个点(S)/放弃

(U)/宽度(W)]：l　　　　　　//输入 l 并回车，由绘制圆弧转为绘制直线状态

指定下一点或 [圆弧(A)/闭合(C)/半宽(H)/长度(L)/放弃(U)/宽度(W)]：w

　　　　　　　　　　　　　　　　//输入 w 并回车，设置箭头线宽

指定起点宽度 <5.0000>：10　　　//输入起点宽度 10 并回车

指定端点宽度 <10.0000>：0　　　//输入端点宽度 0 并回车

指定下一点或 [圆弧(A)/闭合(C)/半宽(H)/长度(L)/放弃(U)/宽度(W)]：25

　　　　　　　　　　　　　　　　//沿垂直向下方向输入距离 25 并回车

指定下一点或 [圆弧(A)/闭合(C)/半宽(H)/长度(L)/放弃(U)/宽度(W)]：

　　　　　　　　　　　　　　　　//回车，结束命令

任务小结：本任务通过弯曲箭头的绘制讲解多段线的使用方法。绘制多段线中的圆弧段时，命令行中的各种选项的含义与圆弧命令的相应选项含义相同。

思考与练习

1. 思考题。

(1) 命令输入方式有哪三种？

(2) 画圆有几种方法？如何实现？

(3) 矩形命令和正多边形命令有何区别？

(4) 多段线命令可否由直线与圆弧命令替代？为什么？

(5) 椭圆命令的两种绘制方式是什么？

2. 将左侧的命令与右侧的功能连接起来。

LINE　　　　　　　　多段线

RECTANG　　　　　　正多边形

CIRCLE　　　　　　　椭圆

ARC　　　　　　　　圆弧

ELLIPSE　　　　　　　圆

POLYGON　　　　　　矩形

PLINE　　　　　　　直线

3. 选择题。

（1）由下列命令画出的图形是多段线的是（　　　）。

　　A. 多段线　　　　B. 圆　　　　　C. 矩形　　　　D. 正多边形

（2）下列各命令为矩形命令快捷键的是（　　　）。

　　A. C　　　　　　B. A　　　　　C. Pl　　　　　D. Rec

（3）在使用夹点编辑对象时，夹点的数量依赖于被选取的对象，矩形和圆各有（　　　）夹点。

　　A. 8个、5个　　B. 1个、1个　　C. 4个、1个　　D. 2个、3个

（4）下列画圆弧的方式中无效的是（　　　）。

　　A. 起点，圆心，端点　　　　　　B. 圆心，起点，方向

　　C. 圆心，起点，角度　　　　　　D. 起点，端点，半径

4. 绘图题。

（1）冰箱平面图，如图 3-53 所示。

（2）防潮吸顶灯平面图，如图 3-54 所示。

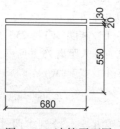

图 3-53　冰箱平面图

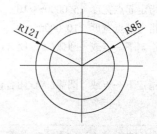

图 3-54　防潮吸顶灯平面图

（3）窗间墙节点图，如图 3-55 所示。

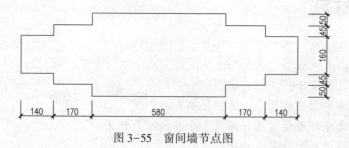

图 3-55　窗间墙节点图

（4）更衣室平面图，如图 3-56 所示。

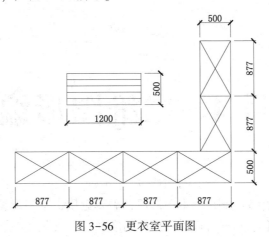

图 3-56　更衣室平面图

项目 4　二维图形编辑

运用二维基本绘图命令绘制出基本图形后，需要运用二维图形编辑命令对其进行移动、旋转、复制、修剪等操作，这样可以保证作图的准确度、减少重复操作、提高绘图效率。本项目将通过实例详细讲解几个编辑命令的运用技巧。

任务 4.1　绘制洗手盆平面图

本任务以洗手盆平面图（见图 4-1）为例，讲解复制命令和偏移命令的使用方法。另外，本任务还用到椭圆命令、直线命令、矩形命令等。

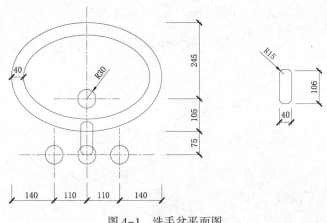

图 4-1　洗手盆平面图

步骤如下。

（1）双击 Windows 桌面上的 AutoCAD 2024 快捷方式图标，打开 AutoCAD 2024。

（2）设置图形界限。

选择下拉菜单栏中的【格式】|【图形界限】命令，根据命令行提示指定左下角点为坐标原点，右上角点为 "900,900"。

在命令行中输入 ZOOM 命令并回车，然后输入 a 并回车，选择【全部(A)】选项，显示图形界限。

（3）加载点画线 "CENTER" 线型。

① 选择下拉菜单栏中的【格式】|【线型】命令，弹出【线型管理器】对话框。

② 单击【加载】按钮，弹出【加载或重载线型】对话框，如图 4-2 所示。从【可用线型】列表框中选择"CENTER"线型，单击【确定】按钮，返回【线型管理器】对话框，如图 4-3 所示。从该对话框的列表中选择"CENTER"线型，并单击【当前】按钮，即可将当前线型设置为"CENTER"线型。

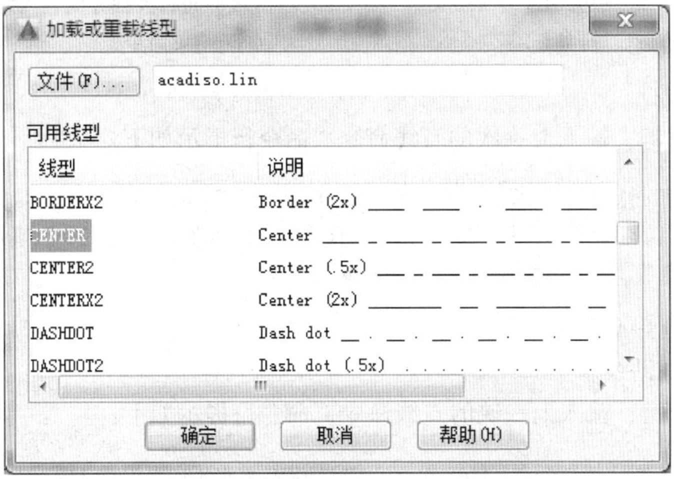

图 4-2 【加载或重载线型】对话框

图 4-3 【线型管理器】对话框

注意：单击【隐藏细节】按钮，该按钮将转变为【显示细节】按钮，同时【详细信息】选项区域被隐藏。单击【显示细节】按钮，该按钮将转变为【隐藏细节】按钮，同时显示【详细信息】选项区域。

（4）绘制辅助线。

① 绘制直线 AB。

单击【绘图】面板中的直线命令按钮 ⟋，命令行提示如下：

> 命令：_line 指定第一个点：   //在绘图区之内适当一点处单击
> 指定下一点或［放弃(U)］：450   //沿水平向右极轴方向输入距离 450 并回车
> 指定下一点或［放弃(U)］：   //回车,结束命令

② 绘制直线 CD。

再一次按回车键，输入上一次的直线命令，命令行提示如下：

> 命令：LINE 指定第一个点：   //沿直线 AB 的中点 E 向下追踪,到合适位置处单击确定 C 点
> 指定下一点或［放弃(U)］：550   //沿垂直向上方向输入距离 550 并回车,确定 D 点
> 指定下一点或［放弃(U)］：   //回车,结束命令

绘制结果如图 4-4 所示。

③ 绘制其他辅助线。

再一次按回车键，输入上一次的直线命令，命令行提示如下：

> 命令：LINE 指定第一个点：110   //沿 C 点水平向左追踪 110
> 指定下一点或［放弃(U)］：160   //沿垂直向上方向输入距离 160 并回车
> 指定下一点或［放弃(U)］：   //回车,结束命令

运用同样的方法绘制直线 CD 右侧的辅助线，绘制结果如图 4-5 所示。

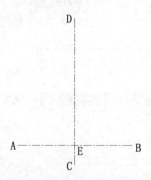

图 4-4   绘制直线 AB 和直线 CD   图 4-5   绘制直线

单击【绘图】面板中的直线命令按钮 ⟋，命令行提示如下：

> 命令：LINE 指定第一个点：180   //沿 F 点垂直向上追踪 180
> 指定下一点或［放弃(U)］：220   //沿水平向右方向输入距离 220 并回车
> 指定下一点或［放弃(U)］：   //回车,结束命令

绘制结果如图 4-6 所示。

（5）绘制小圆。

① 单击【特性】面板中线型按钮右侧的下拉按钮，如图 4-7 所示，选择 ——— Continuous 实线线型为当前线型。

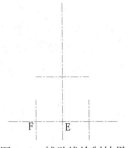

图 4-6　辅助线绘制结果　　　　　　　　图 4-7　设置当前线型

② 单击绘图面板中圆按钮下侧的下三角按钮，选择【圆心，半径】选项，命令行提示如下：

命令：_circle 指定圆的圆心或 [三点(3P)/两点(2P)/ 切点、切点、半径(T)]：

　　　　　　　　　　　　　　　　　　　//捕捉 E 点作为小圆的圆心

指定圆的半径或 [直径(D)]<2.5000>：30　　//输入半径 30 并回车

绘制结果如图 4-8 所示。

③ 单击【修改】面板中的复制命令按钮，命令行提示如下：

命令：_copy

选择对象：找到 1 个　　　　　　　　　　//选择小圆

选择对象：　　　　　　　　　　　　　　//回车,结束对象选择状态

当前设置：复制模式 = 多个

指定基点或 [位移(D)/模式(O)]<位移>：　//捕捉小圆圆心 E 点(见图 4-6)为基点

指定第二个点或[阵列(A)]<使用第一个点作为位移>：//捕捉 F 点(见图 4-8)

指定第二个点或 [阵列(A)/退出(E)/放弃(U)]<退出>：//捕捉 G 点(见图 4-8)

指定第二个点或 [阵列(A)/退出(E)/放弃(U)]<退出>：//捕捉 H 点(见图 4-8)

指定第二个点或 [阵列(A)/退出(E)/放弃(U)]<退出>：//回车,结束命令

绘制结果如图 4-9 所示。

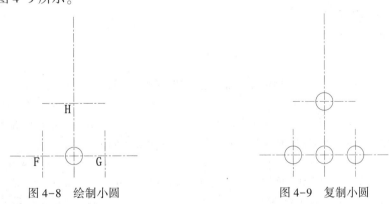

图 4-8　绘制小圆　　　　　　　　　　图 4-9　复制小圆

(6) 绘制椭圆。

① 单击【绘图】面板椭圆命令按钮右侧的下三角按钮，选择【轴，端点】选项，命令行提示如下：

命令：_ellipse

指定椭圆的轴端点或［圆弧(A)/中心点(C)］：75　　//沿 E 点(见图 4-6)垂直向上追踪 75

指定轴的另一个端点：350　　　　　　　　//沿垂直向上极轴方向输入距离 350 并回车

指定另一条半轴长度或［旋转(R)］：250　　//输入半轴长度 250 并回车

绘制结果如图 4-10 所示。

② 单击【修改】面板中的偏移命令按钮⋶，命令行提示如下：

命令：_offset

当前设置：删除源=否　图层=源　OFFSETGAPTYPE=0

指定偏移距离或［通过(T)/删除(E)/图层(L)］<30.0000>：40

　　　　　　　　　　　　　　　　//输入两椭圆之间的间距 40 并回车

选择要偏移的对象，或［退出(E)/放弃(U)］<退出>：　　//选择大椭圆

指定要偏移的那一侧上的点，或［退出(E)/多个(M)/放弃(U)］<退出>：

　　　　　　　　　　　　　　　　//在大椭圆内部单击以确定向内偏移

选择要偏移的对象，或［退出(E)/放弃(U)］<退出>：　　//回车，结束命令

绘制结果如图 4-11 所示。

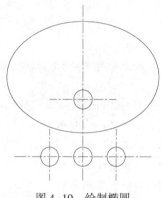

图 4-10　绘制椭圆

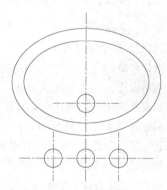

图 4-11　偏移椭圆

(7) 绘制矩形。

命令提示如下：

命令：_rectang

指定第一个角点或［倒角(C)/标高(E)/圆角(F)/厚度(T)/宽度(W)］：f

　　　　　　　　　　　　　　　　//输入 f 并回车，选择【圆角(F)】选项

指定矩形的圆角半径 <0.0000>：15　　　　//输入圆角半径 15 并回车

指定第一个角点或［倒角(C)/标高(E)/圆角(F)/厚度(T)/宽度(W)］：20

　　　　　　　　　　　　　　　　//沿 E 点(见图 4-6)水平向左追踪 20

指定另一个角点或［面积(A)/尺寸(D)/旋转(R)］：d　//输入 d 并回车，选择【尺寸(D)】选项

指定矩形的长度 <40.0000>：40　　　　　　//输入矩形长度 40 并回车

指定矩形的宽度 <106.0000>：106　　　　　//输入矩形宽度 106 并回车

指定另一个角点或［面积(A)/尺寸(D)/旋转(R)］：　　//沿右上方单击，确定矩形方向

绘制结果如图 4-12 所示。

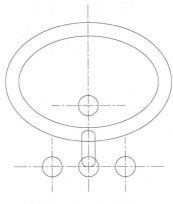

图 4-12　绘制矩形

任务小结：本任务通过实例讲解复制命令和偏移命令的使用方法。使用复制命令复制对象时，可以选择多个对象同时复制，而使用偏移命令时，每次只能选择一个对象进行复制。

任务 4.2　绘制浴缸平面图

本任务以浴缸平面图（见图 4-13）为例，讲解圆角命令的使用方法。

步骤如下。

（1）双击 Windows 桌面上的 AutoCAD 2024 快捷方式图标，打开 AutoCAD 2024。

（2）设置图形界限。

选择下拉菜单栏中的【格式】|【图形界限】命令，根据命令行提示指定左下角点为坐标原点，右上角点为"2000,2000"。

在命令行中输入 ZOOM 命令并回车，然后输入 a 并回车，选择【全部(A)】选项，显示图形界限。

（3）绘制大矩形。

单击【绘图】面板中的矩形命令按钮▢，命令行提示如下：

命令：_rectang
指定第一个角点或 [倒角(C)/标高(E)/圆角(F)/厚度(T)/宽度(W)]：
　　　　　　　　　　　　　　　　　　　　//绘图区内适当一点处单击
指定另一个角点或 [面积(A)/尺寸(D)/旋转(R)]：d　//输入 d 并回车选择【尺寸(D)】选项
指定矩形的长度 <10.0000>：1500　　　　　　//输入矩形的长度 1500 并回车
指定矩形的宽度 <10.0000>：900　　　　　　 //输入矩形的宽度 900 并回车
指定另一个角点或 [面积(A)/尺寸(D)/旋转(R)]：//确定矩形的方向

（4）偏移小矩形。

单击【修改】面板中的偏移命令按钮⊑，命令行提示如下：

命令：_offset
当前设置：删除源=否　图层=源　OFFSETGAPTYPE=0
指定偏移距离或 [通过(T)/删除(E)/图层(L)]<1.0000>：100　//输入偏移距离 100 并回车
选择要偏移的对象，或 [退出(E)/放弃(U)]<退出>：　　　//选择大矩形指定要偏移的那一侧上的点，或［退出(E)/多个(M)/放弃(U)］<退出>：

　　　　　　　　　　　　　　//在大矩形内部任意一点处单击，确定偏移方向

选择要偏移的对象，或［退出(E)/放弃(U)］<退出>：

　　　　　　　　　　　　　　//回车，结束命令

绘制结果如图4-14所示。

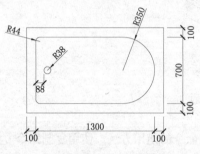

图4-13　浴缸平面图

图4-14　绘制矩形

（5）小矩形倒圆角。

① 单击【修改】面板中圆角命令按钮 ⌐ 圆角 ▾，命令行提示如下：

命令：_fillet

当前设置：模式 = 修剪，半径 = 0.0000

选择第一个对象或［放弃(U)/多段线(P)/半径(R)/修剪(T)/多个(M)］：r

　　　　　　　　　　　　　//输入r并回车选择【半径(R)】选项

指定圆角半径 <0.0000>：44　　　　　//设置圆角半径为44并回车

选择第一个对象或［放弃(U)/多段线(P)/半径(R)/修剪(T)/多个(M)］：m

　　　　　　　　　　　　　//输入m并回车，选择多个选项

选择第一个对象或［放弃(U)/多段线(P)/半径(R)/修剪(T)/多个(M)］：

　　　　　　　　　　　　　//选择小矩形的上边

选择第二个对象，或按住 Shift 键选择对象以应用角点或［半径(R)］：

　　　　　　　　　　　　　//选择小矩形的左边

选择第一个对象或［放弃(U)/多段线(P)/半径(R)/修剪(T)/多个(M)］：

　　　　　　　　　　　　　//选择小矩形的左边

选择第二个对象，或按住 Shift 键选择对象以应用角点或［半径(R)］：

　　　　　　　　　　　　　//选择小矩形的下边

选择第一个对象或［放弃(U)/多段线(P)/半径(R)/修剪(T)/多个(M)］：

　　　　　　　　　　　　　//回车，结束命令

绘制结果如图4-15所示。

② 再一次单击【修改】面板中圆角命令按钮 ⌐ 圆角 ▾，命令行提示如下：

命令：_fillet

当前设置：模式 = 修剪，半径 = 44.0000

选择第一个对象或［放弃(U)/多段线(P)/半径(R)/修剪(T)/多个(M)］：r

　　　　　　　　　　　　　//输入r并回车选择【半径(R)】选项

指定圆角半径 <44.0000>：350　　　　　//设置圆角半径为350并回车

选择第一个对象或［放弃(U)/多段线(P)/半径(R)/修剪(T)/多个(M)］：m
//输入 m 并回车,选择多个选项

选择第一个对象或［放弃(U)/多段线(P)/半径(R)/修剪(T)/多个(M)］：
//选择小矩形的上边

选择第二个对象,或按住 Shift 键选择对象以应用角点或［半径(R)］：
//选择小矩形的右边

选择第一个对象或［放弃(U)/多段线(P)/半径(R)/修剪(T)/多个(M)］：
//选择小矩形的右边

选择第二个对象,或按住 Shift 键选择对象以应用角点或［半径(R)］：
//选择小矩形的下边

选择第一个对象或［放弃(U)/多段线(P)/半径(R)/修剪(T)/多个(M)］：
//回车,结束命令

绘制结果如图 4-16 所示。

图 4-15 圆角修改结果

图 4-16 第二次修改圆角

(6) 绘制圆。

单击【绘图】面板中圆命令按钮◯下侧的下三角按钮，选择⬭【圆心，半径】
选项，命令行提示如下：

命令：_circle 指定圆的圆心或［三点(3P)/两点(2P)/切点、切点、半径(T)］：126
//由小矩形左侧线段的中点向右追踪距离为126,确定圆心,如图4-17所示

指定圆的半径或［直径(D)］<461.6447>：38　　　　//输入圆的半径38并回车

绘制结果如图 4-18 所示。

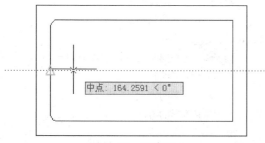

图 4-17 追踪圆心

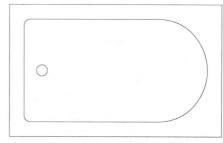

图 4-18 绘制圆

任务小结： 本任务主要应用了矩形命令、偏移命令和圆角命令。在使用圆角命令时，可以设置圆角半径。当设圆角半径为 0 时，该命令将延伸两条直线至交点处。圆角命令还可以设置修剪方式。当处于"修剪"模式时，将修剪掉拐角边，而"不修剪"模式下原拐角边将被保留。

任务 4.3　绘制写字台立面图

本任务以写字台立面图（见图 4-19）为例，讲解镜像命令、阵列命令的使用方法。另外，本任务还用到直线命令、矩形命令等。

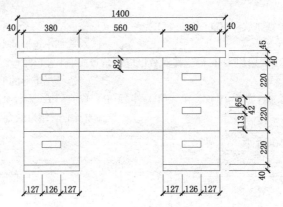

图 4-19　写字台立面图

步骤如下。

（1）双击 Windows 桌面上的 AutoCAD 2024 快捷方式图标，打开 AutoCAD 2024。

（2）设置图形界限。

选择下拉菜单栏中的【格式】|【图形界限】命令，根据命令行提示指定左下角点为坐标原点，右上角点为"2000,2000"。

在命令行中输入 ZOOM 命令并回车，然后输入 a 并回车，选择【全部（A）】选项，显示图形界限。

（3）绘制桌面。

单击【绘图】面板中的矩形命令按钮□，命令行提示如下：

```
命令：_rectang
指定第一个角点或 [倒角(C)/标高(E)/圆角(F)/厚度(T)/宽度(W)]：
                                    //绘图区内适当一点处单击
指定另一个角点或 [面积(A)/尺寸(D)/旋转(R)]：d
                                    //输入 d 并回车选择【尺寸(D)】选项
指定矩形的长度 <10.0000>：1400       //输入矩形的长度 1400 并回车
指定矩形的宽度 <10.0000>：45         //输入矩形的宽度 45 并回车
指定另一个角点或[面积(A)/尺寸(D)/旋转(R)]：//确定矩形的方向
```

绘制结果如图 4-20 所示。

（4）绘制桌腿。

① 单击【绘图】面板中的直线命令按钮╱，命令行提示如下：

```
命令：_line 指定第一个点：40          //沿 A 点水平向右追踪 40 确定直线第一个点
指定下一点或 [放弃(U)]：40            //沿垂直向下方向输入距离 40 并回车
指定下一点或 [放弃(U)]：380           //沿水平向右方向输入距离 380 并回车
```

指定下一点或 [闭合(C)/放弃(U)]:   //沿垂直向上方向与矩形的下边出现交点捕捉

                    //提示,单击

指定下一点或 [闭合(C)/放弃(U)]:   //回车,结束命令

绘制结果如图 4-21 所示。

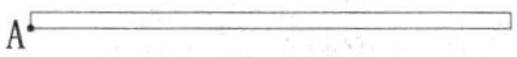

图 4-20 绘制桌面 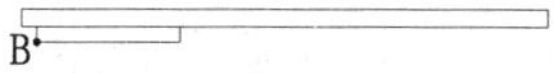   图 4-21 绘制直线

② 再一次单击【绘图】面板中的直线命令按钮 ✐,命令行提示如下:

  命令:_line 指定第一个点: //捕捉 B 点

  指定下一点或 [放弃(U)]: 220   //沿垂直向下方向输入距离 220 并回车

  指定下一点或 [放弃(U)]: 380   //沿水平向右方向输入距离 380 并回车

  指定下一点或 [闭合(C)/放弃(U)]:220   //沿垂直向上方向输入距离 220 并回车

  指定下一点或 [闭合(C)/放弃(U)]:   //回车,结束命令

③ 单击【绘图】面板中的矩形命令按钮 ▭,命令行提示如下:

  命令:_rectang

  指定第一个角点或 [倒角(C)/标高(E)/圆角(F)/厚度(T)/宽度(W)]: _from 基点:<偏移>: @

  127,-65   //按住 Shift 键并右击,弹出对象捕捉快捷菜单选择【自】选项,如图 4-22

    //所示,捕捉 B 点作为基点,输入相对坐标"@127,-65"并回车

  指定另一个角点或 [面积(A)/尺寸(D)/旋转(R)]: d   //输入 d 并回车,选择【尺寸(D)】选项

  指定矩形的长度 <1400.0000>: 126   //输入矩形长度 126 并回车

  指定矩形的宽度 <45.0000>: 42   //输入矩形宽度 42 并回车

  指定另一个角点或 [面积(A)/尺寸(D)/旋转(R)]:   //右下方单击,确定矩形方向

绘制结果如图 4-23 所示。

图 4-22 对象捕捉快捷菜单

图 4-23 绘制直线和矩形

④ 阵列图形。

单击【修改】面板中的矩形阵列命令按钮 ⊞ 阵列，根据命令行提示操作如下：

命令：_arrayrect
选择对象：找到 4 个　　　　　　//选择上步绘制的三条直线和一个矩形
选择对象：　　　　　　　　　　//回车，弹出【阵列创建】选项卡，如图 4-24 所示，设置【行】面
　　//板中的"行数"为 3，"介于"为-220，设置【列】面板中的"列数"为 1，单击【关闭阵列】按钮
类型 = 矩形　关联 = 是
选择夹点以编辑阵列或 [关联(AS)/基点(B)/计数(COU)/间距(S)/列数(COL)/行数(R)/层数
(L)/退出(X)] <退出>：　　　　//显示阵列结果

图 4-24　【阵列创建】选项卡

阵列结果如图 4-25 所示。

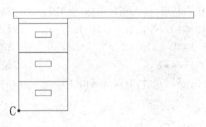

图 4-25　阵列结果

⑤ 单击【绘图】面板中的直线命令按钮 ✏，命令行提示如下：

命令：_line 指定第一个点：　　　　　　//捕捉 C 点
指定下一点或 [放弃(U)]：40　　　　　//沿垂直向下极轴方向输入距离 40 并回车
指定下一点或 [放弃(U)]：380　　　　//沿水平向右极轴方向输入距离 380 并回车
指定下一点或 [闭合(C)/放弃(U)]：40　//沿垂直向上极轴方向输入距离 40 并回车
指定下一点或 [闭合(C)/放弃(U)]：　　//回车，结束命令

绘制结果如图 4-26 所示。

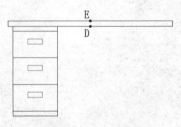

图 4-26　绘制直线

（5）镜像桌腿。

单击【修改】面板中的镜像命令按钮 ，命令行提示如下：

> 命令：_mirror
> 选择对象：指定对角点：找到 18 个　　　//运用交叉窗口选择对象，如图 4-27 所示
> 选择对象：　　　　　　　　　　　　//回车
> 指定镜像线的第一点：　　　　　　　//捕捉中点 D
> 指定镜像线的第二点：　　　　　　　//捕捉中点 E
> 要删除源对象吗？［是(Y)/否(N)］<否>：//回车

绘制结果如图 4-28 所示。

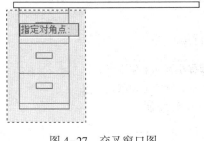

图 4-27　交叉窗口图

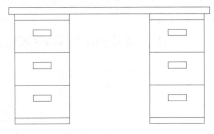

图 4-28　镜像桌腿

> **任务小结**：本任务主要讲解阵列命令和镜像命令的使用方法。阵列命令包括 3 种方式：矩形阵列、路径阵列和环形阵列，本任务主要应用矩形阵列复制对象。在运用镜像命令复制对象时，源对象和目标对象应以镜像轴对称。

任务 4.4　绘制旋转楼梯

本任务以旋转楼梯（见图 4-29）为例，讲解环形阵列命令、修剪命令和打断于点命令的使用方法。另外，本任务还用到直线命令、圆命令等。

步骤如下。

（1）双击 Windows 桌面上的 AutoCAD 2024 快捷方式图标，打开 AutoCAD 2024。

（2）设置图形界限。

选择下拉菜单栏中的【格式】|【图形界限】命令，根据命令行提示指定左下角点为坐标原点，右上角点为"1000,1000"。

在命令行中输入 ZOOM 命令，回车后选择【全部(A)】选项，显示图形界限。

（3）绘制圆。

① 绘制小圆。

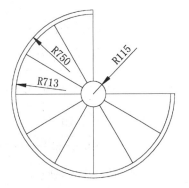

图 4-29　旋转楼梯

单击【绘图】面板中圆命令按钮 下侧的下三角按钮，选择 圆心，半径 【圆心，半径】选项，命令行提示如下：

> 命令：_circle 指定圆的圆心或［三点(3P)/两点(2P)/切点、切点、半径(T)］：

　　　　　　　　　　　　　　　　　　　　　　//在绘图区内适当一点处单击

　　　指定圆的半径或［直径(D)］: 115　　　//输入圆的半径 115 并回车

② 绘制两个大圆。

单击【绘图】面板中圆命令按钮 下侧的下三角按钮 ，选择 【圆心，半径】选项，命令行提示如下：

　　　命令: _circle 指定圆的圆心或［三点(3P)/两点(2P)/切点、切点、半径(T)］:
　　　　　　　　　　　　　　　　　　　　　　//捕捉小圆的圆心作为大圆的圆心
　　　指定圆的半径或［直径(D)］: 713　　　//输入圆的半径 713 并回车

采用同样方法绘制半径为 750 且与小圆同心的圆，绘制结果如图 4-30 所示。

(4) 绘制直线。

单击【绘图】面板中的直线命令按钮 ，命令行提示如下：

　　　命令: _line 指定第一个点:　　　　　　//捕捉小圆的上象限点 A 点
　　　指定下一点或［放弃(U)］:　　　　　　//捕捉大圆的上象限点 B 点
　　　指定下一点或［放弃(U)］:　　　　　　//回车,结束命令

回车，输入上一次直线命令，命令行提示如下：

　　　命令: _line 指定第一点:　　　　　　　//捕捉小圆的右象限点
　　　指定下一点或［放弃(U)］:　　　　　　//捕捉大圆的右象限点
　　　指定下一点或［放弃(U)］:　　　　　　//回车,结束命令

绘制结果如图 4-31 所示。

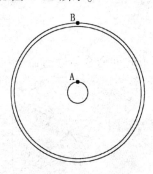 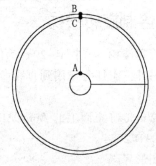

　　　图 4-30　绘制同心圆　　　　　　　图 4-31　绘制直线

(5) 打断直线 AB。

单击【修改】面板中的打断于点命令按钮 ，命令行提示如下：

　　　命令: _breakatpoint
　　　选择对象:　　　　　　　　　　//选择直线 AB
　　　指定打断点:　　　　　　　　　//捕捉象限点 C 点

(6) 修剪大圆。

单击【修改】面板中的修剪命令按钮 修剪 ，命令行提示如下：

　　　命令: _trim

当前设置：投影=UCS，边=无，模式=快速

选择要修剪的对象，或按住 Shift 键选择要延伸的对象或

［剪切边(T)/窗交(C)/模式(O)/投影(P)/删除(R)］：　　　//选择两个大圆右上部分

选择要修剪的对象，或按住 Shift 键选择要延伸的对象或

［剪切边(T)/窗交(C)/模式(O)/投影(P)/删除(R)/放弃(U)］：　　//回车

绘制结果如图 4-32 所示。

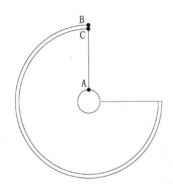

图 4-32　修剪两个大圆

(7) 阵列直线 AC。

单击【修改】面板中的矩形阵列命令按钮 ⊞ 阵列 ˙右侧的下三角按钮，选择环形阵列命令按钮 环形阵列，命令行提示如下：

命令：_arraypolar

选择对象：找到 1 个　　　　　　　　　　//选择直线 AC

选择对象：　　　　　　　　　　　　　//回车

类型 = 极轴　关联 = 是

指定阵列的中心点或［基点(B)/旋转轴(A)］：　　//捕捉小圆圆心作为阵列的中心点，弹出
　　//【阵列创建】选项卡，如图 4-33 所示，设置【项目】面板中的"项目数"为 10，"填充"为 270，
　　//单击【关闭阵列】按钮

选择夹点以编辑阵列或［关联(AS)/基点(B)/项目(I)/项目间角度(A)/填充角度(F)/行
(ROW)/层(L)/旋转项目(ROT)/退出(X)］<退出>：　//显示阵列结果

默认	插入	注释	参数化	视图	管理	输出	附加模块	协作	Express Tools	精选应用	阵列创建					

		项目数:	10		行数:	1		级别:	1							关闭
极轴		介于:	30		介于:	1297.9091		介于:	1		关联	基点	旋转项目	方向	阵列
		填充:	270		总计:	1297.9091		总计:	1						
类型		项目			行 ▾			层级			特性				关闭

图 4-33　【阵列创建】选项卡

阵列结果如图 4-34 所示。

任务小结：本任务通过旋转楼梯实例讲解阵列命令中环形阵列的使用方法及修剪命令的使用方法。环形阵列的中心点位置一般应重新设置。

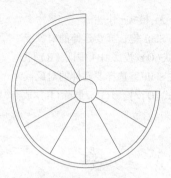

图 4-34　阵列直线 AC

任务 4.5　绘制会议桌椅平面图

本任务以会议桌椅平面图（见图 4-35）为例，讲解删除命令、移动命令和旋转命令的使用方法。另外，本任务还用到直线命令、圆弧命令、矩形命令等。

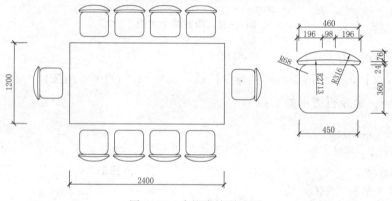

图 4-35　会议桌椅平面图

步骤如下。

（1）双击 Windows 桌面上的 AutoCAD 2024 快捷方式图标，打开 AutoCAD 2024。

（2）设置图形界限。

选择下拉菜单栏中的【格式】|【图形界限】命令，根据命令行提示指定左下角点为坐标原点，右上角点为 "4000,4000"。

在命令行中输入 ZOOM 命令并回车，然后输入 a 并回车，选择【全部（A）】选项，显示图形界限。

（3）绘制会议桌。

单击【绘图】面板中的矩形命令按钮 ▢，命令行提示如下：

命令：_rectang
指定第一个角点或 [倒角（C）/标高（E）/圆角（F）/厚度（T）/宽度（W）]：
　　　　　　　　　　　　　　　　　　//在绘图区内适当一点处单击
指定另一个角点或 [面积（A）/尺寸（D）/旋转（R）]：d
　　　　　　　　　　　　　　　　//输入 d 并回车，选择【尺寸（D）】选项

指定矩形的长度 <10.0000>: 2400	//输入矩形的长度 2400 并回车
指定矩形的宽度 <10.0000>: 1200	//输入矩形的宽度 1200 并回车
指定另一个角点或 [面积(A)/尺寸(D)/旋转(R)]:	//确定矩形方向

绘制结果如图 4-36 所示。

(4) 绘制会议椅。

① 单击【绘图】面板中的矩形命令按钮 □，命令行提示如下:

命令:_rectang
指定第一个角点或 [倒角(C)/标高(E)/圆角(F)/厚度(T)/宽度(W)]: f
　　　　　　　　　　　　　　　　　　　//输入 f 并回车,选择【圆角(F)】选项
指定矩形的圆角半径 <0.0000>: 68　　　//输入圆角半径 68 并回车
指定第一个角点或 [倒角(C)/标高(E)/圆角(F)/厚度(T)/宽度(W)]:　//在适当点处单击
指定另一个角点或 [面积(A)/尺寸(D)/旋转(R)]: d　//输入 d 并回车,选择【尺寸(D)】选项
指定矩形的长度 <2400.0000>: 450　　//输入矩形长度 450 并回车
指定矩形的宽度 <1200.0000>: 360　　//输入矩形宽度 360 并回车
指定另一个角点或 [面积(A)/尺寸(D)/旋转(R)]:　//确定矩形方向

绘制结果如图 4-37 所示。

图 4-36　会议桌

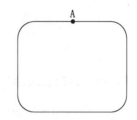

图 4-37　绘制矩形

② 绘制直线 BC。

单击【绘图】面板中的直线命令按钮 ✎，命令行提示如下:

命令:_line 指定第一个点: 230　　//沿图 4-37 中的 A 点水平向左追踪 230 确定 B 点
指定下一点或 [放弃(U)]: 460　　//沿水平向右方向输入距离 460 确定 C 点
指定下一点或 [放弃(U)]:　　//回车,结束命令

③ 直接回车,输入上一次的直线命令,绘制辅助线 DE 和 DF,命令行提示如下:

命令:_line 指定第一个点: 24　　//沿图 4-37 中的 A 点垂直向上追踪 24 确定 D 点
指定下一点或 [放弃(U)]: 245　　//沿水平向左方向输入距离 245 确定 E 点
指定下一点或 [放弃(U)]:　　//回车,结束命令
命令:_line 指定第一个点:　　//捕捉 D 点
指定下一点或 [放弃(U)]: 245　　//沿水平向右方向输入距离 245 确定 F 点
指定下一点或 [放弃(U)]:　　//回车,结束命令

④ 绘制直线 EB 和直线 FC。

单击【绘图】面板中的直线命令按钮 ✎，命令行提示如下:

命令:_line 指定第一个点: 230　　//捕捉 E 点

指定下一点或［放弃(U)］:460   //捕捉 B 点

指定下一点或［放弃(U)］:   //回车,结束命令

同样，运用直线命令绘制直线 FC，绘制结果如图 4-38 所示。

⑤ 删除辅助线 DE 和 DF。

单击【修改】面板中的删除命令按钮 ✐，命令行提示如下：

命令:_erase

选择对象: 找到 1 个   //选择直线 DE

选择对象: 找到 1 个,总计 2 个   //选择直线 DF

选择对象: //回车,结束命令

绘制结果如图 4-39 所示。

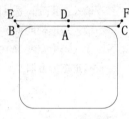

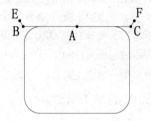

图 4-38　绘制直线   图 4-39　删除直线

⑥ 绘制直线 GH。

单击【绘图】面板中的直线命令按钮 ✐，命令行提示如下：

命令:_line 指定第一个点:100   //沿 A 点垂直向上追踪 100 确定直线第一个点

指定下一点或［放弃(U)］:49   //沿水平向左方向输入距离 49 确定 G 点

指定下一点或［放弃(U)］:   //回车,结束命令

命令:_line 指定第一个点:100   //沿 A 点垂直向上追踪 100 确定直线第一个点

指定下一点或［放弃(U)］:49   //沿水平向右方向输入距离 49 确定 H 点

指定下一点或［放弃(U)］:   //回车,结束命令

绘制结果如图 4-40 所示。

⑦ 绘制圆弧。

单击【绘图】面板中圆弧按钮 ▱ 下侧的下三角按钮 ▱，选择 ⟋ 起点, 端点, 半径 【起点，端点，半径】选项，命令行提示如下：

命令:_arc

指定圆弧的起点或［圆心(C)］:   //捕捉 G 点

指定圆弧的第二个点或［圆心(C)/端点(E)］:_e

指定圆弧的端点: //捕捉 E 点

指定圆弧的中心点(按住 Ctrl 键以切换方向)或［角度(A)/方向(D)/半径(R)］:_r

指定圆弧的半径(按住 Ctrl 键以切换方向):316

                            //输入半径 316 并回车

绘制结果如图 4-41 所示。

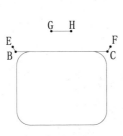

图 4-40 绘制直线 GH

图 4-41 绘制圆弧

⑧ 单击【修改】面板中的镜像命令按钮⚮，命令行提示如下：

命令：_mirror
选择对象：找到 1 个   //选择刚刚绘制的圆弧
选择对象：   //回车
指定镜像线的第一点：   //捕捉中点 A（见图 4-39）
指定镜像线的第二点：   //捕捉中点 A（见图 4-39）垂直方向任意一点
要删除源对象吗？［是（Y）/否（N）］<否>：   //回车，不删除源对象

镜像结果如图 4-42 所示。

⑨ 单击【绘图】面板中圆弧按钮▨下侧的下三角按钮▨，选择 ⌒ 起点，端点，半径【起点，端点，半径】选项，命令行提示如下：

命令：_arc 指定圆弧的起点或［圆心（C）］：   //捕捉 F 点（见图 4-40）
指定圆弧的第二个点或［圆心（C）/端点（E）］：_e
指定圆弧的端点：   //捕捉 E 点（见图 4-40）
指定圆弧的中心点（按住 Ctrl 键以切换方向）或［角度（A）/方向（D）/半径（R）］：_r
指定圆弧的半径（按住 Ctrl 键以切换方向）：2713   //输入半径 2713 并回车

绘制结果如图 4-43 所示。

图 4-42 镜像圆弧

图 4-43 绘制圆弧

（5）将会议椅组合成"椅子"组。

键盘输入成组命令 GROUP 或 G，回车后命令行提示如下：

命令：G
GROUP 选择对象或［名称（N）/说明（D）］：指定对角点：找到 5 个   //选择图 4-43 中的图形
选择对象或［名称（N）/说明（D）］：n   //输入 n 并回车

输入编组名或［?］:椅子　　　　　　　　　　　　//输入组名"椅子"并回车

组"椅子"已创建。

（6）复制椅子。

① 移动椅子位置。

单击【修改】面板中的移动命令按钮✛，命令行提示如下：

命令：_move

选择对象：找到 9 个,1 个编组　　　　　　　　//选择"椅子"组

选择对象：　　　　　　　　　　　　　　　　//回车,结束命令

指定基点或［位移(D)]<位移>：　　　　　　　//捕捉椅子上任意一点

指定第二个点或 <使用第一个点作为位移>：　　//移动到桌子一角,如图 4-44 所示

② 阵列椅子。

单击【修改】面板中的矩形阵列命令按钮 ⊞ 阵列 ·，根据命令行提示操作如下：

命令：_arrayrect

选择对象：找到 1 个,1 个编组　　　　　//选择图 4-44 中的"椅子"组

选择对象：　　　　　　　　　　　　　//回车,弹出【阵列创建】选项卡,设置【列】面板中的"列

　　//数"为 4,"介于"为 550,【行】面板中的"行数"为 1,单击【关闭阵列】按钮

类型 = 矩形　关联 = 是

选择夹点以编辑阵列或［关联(AS)/基点(B)/计数(COU)/间距(S)/列数(COL)/行数(R)/层数

(L)/退出(X)]<退出>：　　　　　　　//显示阵列结果

绘制结果如图 4-45 所示。

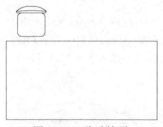
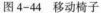

图 4-44　移动椅子

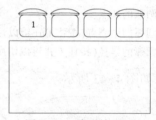

图 4-45　阵列椅子组

③ 旋转复制椅子。

单击【修改】面板中的旋转命令按钮 ↻ 旋转，命令行提示如下：

命令：_rotate

UCS 当前的正角方向：　ANGDIR=逆时针　ANGBASE=0

选择对象：找到 9 个,1 个编组　　　　　　　//选择"椅子"组 1

选择对象：　　　　　　　　　　　　　　　//回车

指定基点：　<对象捕捉 开>　　　　　　　　//捕捉"椅子"组 1 的左下角点

指定旋转角度,或［复制(C)/参照(R)]<270>：c　//输入 c 并回车,选择【复制(C)】选项

旋转一组选定对象

指定旋转角度,或［复制(C)/参照(R)]<270>：90　//输入旋转角度 90 并回车,旋转复制出

　　//"椅子"组 2

④ 移动椅子。

单击【修改】面板中的移动命令按钮✥，命令行提示如下：

命令：_move

选择对象：找到 9 个，1 个编组　　　　//选择"椅子"组 2

选择对象：　　　　　　　　　　　　//回车

指定基点或［位移（D）］<位移>：　　//捕捉"椅子"组 2 的右端垂直线的中点

指定第二个点或 <使用第一个点作为位移>：100

　　　　　　　//沿会议桌左端垂直线的中点水平向左追踪距离为 100

绘制结果如图 4-46 所示。

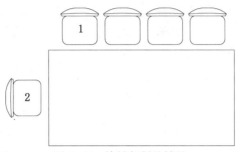

图 4-46　旋转复制的结果

（7）镜像椅子。

单击【修改】面板中的镜像命令按钮▲，命令行提示如下：

命令：_mirror

选择对象：找到 9 个，1 个编组　　　　　　//选择"椅子"组 2

选择对象：　　　　　　　　　　　　　　//回车

指定镜像线的第一点：　　//捕捉桌子平面图上侧水平线的中点作为镜像线的第一个点

指定镜像线的第二点：　　//捕捉桌子平面图下侧水平线的中点作为镜像线的第二个点

要删除源对象吗？［是（Y）/否（N）］<否>：　　//回车，不删除源对象

同理，可以镜像会议桌上端的椅子组，结果如图 4-47 所示。

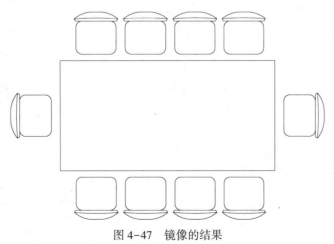

图 4-47　镜像的结果

思考与练习

1. 思考题。

（1）复制命令与偏移命令有何区别？

（2）修剪命令与延伸命令如何使用？

（3）对象编组的作用是什么？

（4）阵列命令有哪几种形式？各适用于哪种图形？

2. 将左侧的命令与右侧的功能连接起来。

ERASE	镜像
MIRROR	复制
COPY	删除
ARRAY	阵列
EXPLODE	修剪
TRIM	延伸
EXTEND	圆角
FILLET	分解
STRETCH	拉伸
SCALE	缩放
CHAMFER	旋转
MOVE	移动
ROTATE	倒角

3. 选择题。

（1）缩放命令的快捷键是（　　）。

　　A. RO　　　　B. M　　　　C. CO　　　　D. SC

（2）在运用延伸命令延伸对象时，在"选择延伸的对象"提示下，按住（　　）键，可以由延伸对象状态变为修剪对象状态。

　　A. Alt　　　　B. Ctrl　　　　C. Shift　　　　D. 以上均可

（3）分解命令"EXPLODE"可分解的对象有（　　）。

　　A. 尺寸标注　　B. 块　　　　C. 多段线　　　D. 图案填充　　E. 以上均可

（4）设置图形界限的命令是（　　）。

　　A. SNAP　　　　B. LIMITS　　C. UNITS　　　D. GRID

（5）当使用移动命令和复制命令编辑对象时，两个命令具有的相同功能是（　　）。

　　A. 对象的尺寸不变

　　B. 对象的方向被改变了

　　C. 原实体保持不变，增加了新的实体

　　D. 对象的基点必须相同

4. 绘图题。

（1）茶几平面图，如图4-48所示。

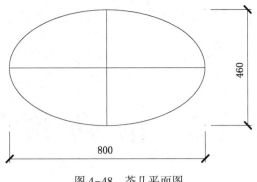

图 4-48 茶几平面图

（2）浴室平面图，如图 4-49 所示。

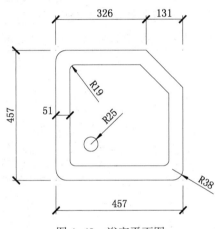

图 4-49 浴室平面图

（3）装饰灯平面图，如图 4-50 所示。

（4）洗衣机立面图，如图 4-51 所示。

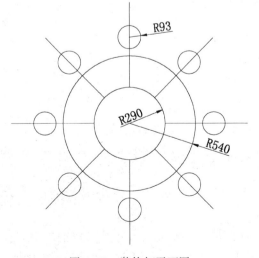

图 4-50 装饰灯平面图

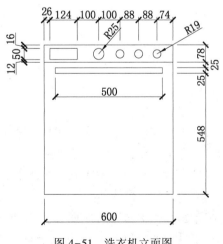

图 4-51 洗衣机立面图

项目 5　精 确 绘 图

应用项目 3 和项目 4 介绍的二维绘图命令和二维图形编辑命令可以大致绘制图形，但实际绘图时，经常要按照一定的比例准确地绘图，要求图形中每一点都要准确定位。本项目所介绍的正交、极轴、对象捕捉和对象追踪功能可以很好地捕捉点，实现精确定位，提高绘图精度和效率。

任务 5.1　绘制沙发平面图

本任务以沙发平面图（见图 5-1）为例讲解端点捕捉、中点捕捉等捕捉模式的使用方法，涉及命令主要有矩形命令、圆角命令、阵列命令、镜像命令等。

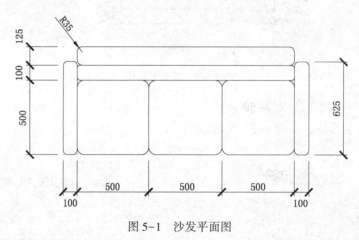

图 5-1　沙发平面图

步骤如下。

（1）设置图形界限。

选择下拉菜单栏中的【格式】|【图形界限】命令，根据命令行提示指定左下角点为坐标原点，右上角点为"2000,2000"。

在命令行中输入 ZOOM 命令，回车后选择【全部（A）】选项，显示图形界限。

（2）设置捕捉模式。

单击状态栏中的【对象捕捉】按钮 图 右侧的下三角按钮，选择【对象捕捉设置】选项，弹出【草图设置】对话框。选择【对象捕捉】标签，打开【对象捕捉】选项卡，如图 5-2 所示。选择"端点""中点""交点""延长线"四种捕捉模式，并选中【启用对象捕捉】复选框和【启用对象捕捉追踪】复选框，单击【确定】按钮。

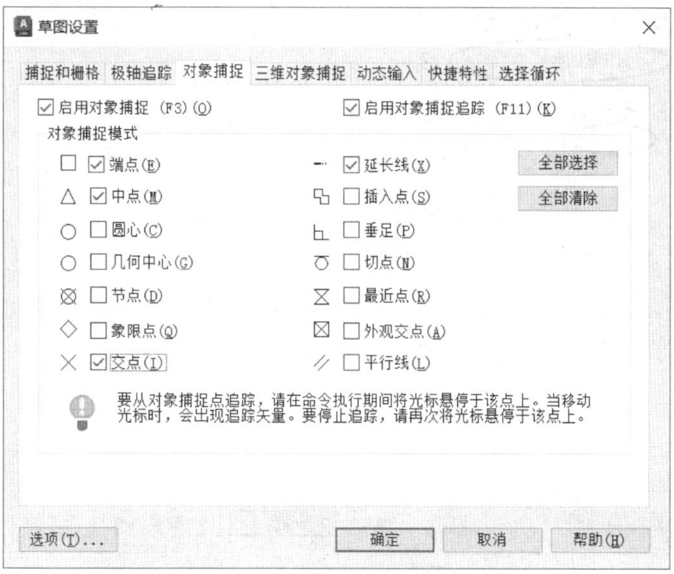

图 5-2　【对象捕捉】选项卡

注意：各种捕捉模式的功能说明如下。

① 端点：捕捉线段或圆弧的端点。

② 中点：捕捉线段或圆弧等对象的中点。

③ 圆心：捕捉圆或圆弧的圆心。

④ 几何中心：捕捉封闭多段线的几何中心。

⑤ 节点：捕捉运用"点"命令绘制的点。

⑥ 象限点：捕捉圆最上、最下、最左、最右的四个点或椭圆的轴端点。

⑦ 交点：捕捉线段、圆或圆弧等对象的交点。

⑧ 延长线：捕捉直线或圆弧的延长线上的点。

⑨ 插入点：捕捉块、图形、文字和属性的插入点。

⑩ 垂足：捕捉垂直于直线、圆或圆弧的点。

⑪ 切点：捕捉圆、圆弧或椭圆上的切点。

⑫ 最近点：捕捉对象上离拾取点最近的点。

⑬ 外观交点：捕捉两个对象的外观的交点。

⑭ 平行线：捕捉图形对象的平行线上的点。

（3）设置极轴追踪。

单击状态栏中的【极轴】按钮 ⊙▼ 右侧的下三角按钮，选择【正在追踪设置】选项，弹出【草图设置】对话框，选择【极轴追踪】标签，打开【极轴追踪】选项卡，如图 5-3 所示。选中【启用极轴追踪】复选框，将【极轴角设置】选项区域的【增量角】设置为"90"，单击【确定】按钮。

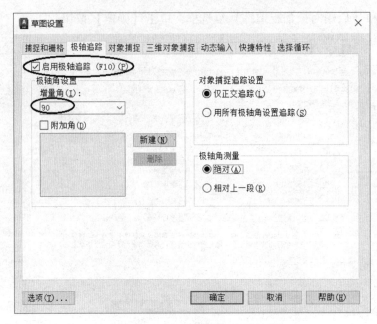

图 5-3　【极轴追踪】选项卡

（4）绘制沙发扶手。

单击【绘图】面板中的矩形命令按钮▢，命令行提示如下：

命令：_rectang
指定第一个角点或 [倒角(C)/标高(E)/圆角(F)/厚度(T)/宽度(W)]：
　　　　　　　　　　　　　　//在绘图区内适当点处单击,确定矩形的第一个角点
指定另一个角点或 [面积(A)/尺寸(D)/旋转(R)]：d　//输入 d 并回车,选择【尺寸(D)】选项
指定矩形的长度 <10.0000>：100　　　　　　//输入矩形长度 100 并回车
指定矩形的宽度 <10.0000>：625　　　　　　//输入矩形宽度 625 并回车
指定另一个角点或 [面积(A)/尺寸(D)/旋转(R)]：　//在合适方向单击,确定矩形方向

绘制结果如图 5-4 所示。

（5）绘制沙发坐垫。

① 再一次单击【绘图】面板中的矩形命令按钮▢，命令行提示如下：

命令：_rectang
指定第一个角点或 [倒角(C)/标高(E)/圆角(F)/厚度(T)/宽度(W)]：　　　//捕捉 A 点
指定另一个角点或 [面积(A)/尺寸(D)/旋转(R)]：d　　//输入 d 并回车,选择【尺寸(D)】选项
指定矩形的长度 <100.0000>：500　　　　　　//输入矩形长度 500 并回车
指定矩形的宽度 <625.0000>：500　　　　　　//输入矩形宽度 500 并回车
指定另一个角点或 [面积(A)/尺寸(D)/旋转(R)]：　　//在 A 点右上方单击,确定矩形方向

绘制结果如图 5-5 所示。

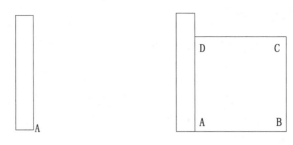

图 5-4　沙发扶手　　　　　　　图 5-5　绘制沙发坐垫

② 阵列复制沙发坐垫。

单击【修改】面板中的矩形阵列命令按钮 阵列 ·，根据命令行提示操作如下：

命令：_arrayrect

选择对象：找到 1 个　　　　　　　　　//选择矩形 ABCD

选择对象：　　　　　　　　　　//回车,弹出【阵列创建】选项卡,设置【列】面板中的"列
　　　//数"为 3,"介于"为 500,【行】面板中的"行数"为 1,单击【关闭阵列】按钮

类型 = 矩形　关联 = 是

选择夹点以编辑阵列或［关联(AS)/基点(B)/计数(COU)/间距(S)/列数(COL)/行数(R)/层数
(L)/退出(X)］<退出>：　　　　//显示阵列结果

绘制结果如图 5-6 所示。

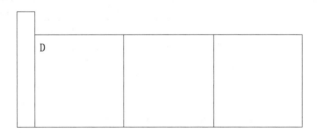

图 5-6　阵列复制沙发坐垫

(6) 绘制沙发靠背。

① 单击【绘图】面板中的矩形命令按钮□,命令行提示如下：

命令：_rectang

指定第一个角点或［倒角(C)/标高(E)/圆角(F)/厚度(T)/宽度(W)］://捕捉 D 点(见图 5-6)

指定另一个角点或［面积(A)/尺寸(D)/旋转(R)]:d　　　　　//输入 d 并回车,选择
　　　　　　　　　　　　　　　　　　　　　　　　　　　　//【尺寸(D)】选项

指定矩形的长度 <500.0000>:1500　　　　//输入矩形长度 1500 并回车

指定矩形的宽度 <500.0000>:100　　　　//输入矩形宽度 100 并回车

指定另一个角点或［面积(A)/尺寸(D)/旋转(R)]:　　//在 D 点右上方单击,确定矩形方向

绘制结果如图 5-7 所示。

图 5-7   绘制矩形

② 再一次单击【绘图】面板中的矩形命令按钮▭，命令行提示如下：

命令：_rectang
指定第一个角点或 ［倒角(C)/标高(E)/圆角(F)/厚度(T)/宽度(W)］：   //捕捉 E 点
指定另一个角点或 ［面积(A)/尺寸(D)/旋转(R)］：d   //输入 d 并回车选择【尺寸(D)】选项
指定矩形的长度 <1500.0000>：1500   //输入矩形长度 1500 并回车
指定矩形的宽度 <100.0000>：125   //输入矩形宽度 125 并回车
指定另一个角点或 ［面积(A)/尺寸(D)/旋转(R)］：   //在 E 点右上方单击，确定矩形方向

绘制结果如图 5-8 所示。

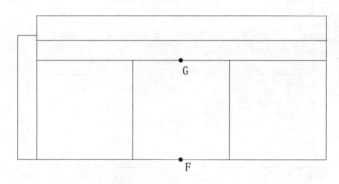

图 5-8   绘制沙发靠背

(7) 镜像沙发扶手。

单击【修改】面板中的镜像命令按钮▨，命令行提示如下：

命令：_mirror
选择对象：找到 1 个   //选择沙发扶手
选择对象：   //回车
指定镜像线的第一点：   //捕捉中点 F 作为镜像线的第一个点
指定镜像线的第二点：   //捕捉中点 G 作为镜像线的第二个点
要删除源对象吗？［是(Y)/否(N)］<否>：   //回车，不删除源对象

绘制结果如图 5-9 所示。

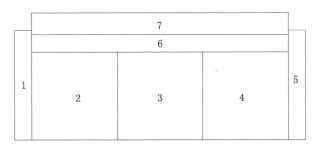

图 5-9 镜像扶手

（8）单击【修改】面板中的圆角命令按钮，命令行提示如下：

命令：_fillet
当前设置：模式=修剪，半径=0.0000
选择第一个对象或［放弃(U)/多段线(P)/半径(R)/修剪(T)/多个(M)］：r
                                          //输入 r 并回车，选择【半径(R)】选项
指定圆角半径 <0.0000>：35   //输入 35 并回车，设置半径为 35
选择第一个对象或［放弃(U)/多段线(P)/半径(R)/修剪(T)/多个(M)］：m
                                          //输入 m 并回车，选择【多个(M)】选项
选择第一个对象或［放弃(U)/多段线(P)/半径(R)/修剪(T)/多个(M)］：p
                                          //输入 p 并回车，选择【多段线(P)】选项
选择二维多段线：   //选择矩形 1(见图 5-9)
4 条直线已被圆角
选择第一个对象或［放弃(U)/多段线(P)/半径(R)/修剪(T)/多个(M)］：p
                                          //输入 p 并回车，选择【多段线(P)】选项
选择二维多段线：   //选择矩形 2(见图 5-9)
4 条直线已被圆角
选择第一个对象或［放弃(U)/多段线(P)/半径(R)/修剪(T)/多个(M)］：p
                                          //输入 p 并回车，选择【多段线(P)】选项
选择二维多段线：   //选择矩形 3(见图 5-9)
4 条直线已被圆角
选择第一个对象或［放弃(U)/多段线(P)/半径(R)/修剪(T)/多个(M)］：p
                                          //输入 p 并回车，选择【多段线(P)】选项
选择二维多段线：   //选择矩形 4(见图 5-9)
4 条直线已被圆角
…   //依次选择【多段线(P)】选项，对矩形 5、矩形 6 和矩形 7 进行圆角处理
选择第一个对象或［放弃(U)/多段线(P)/半径(R)/修剪(T)/多个(M)］：   //回车

绘制结果如图 5-10 所示。

任务小结：本任务主要应用端点捕捉、中点捕捉等捕捉模式，按 F3 键可以打开或关闭对象捕捉功能。在绘制矩形时，也可以打开正交功能。单击状态栏中的正交按钮，或按 F8 键，均可以打开或关闭正交模式。当打开正交模式时，只能沿着水平方向或垂直方向绘图，执行移动等命令时也只能沿着水平方向或垂直方向操作。

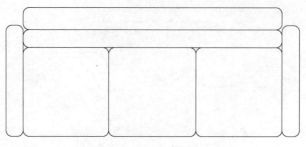

图 5-10　圆角处理结果

任务 5.2　绘制地毯示意图

本任务主要应用端点捕捉、圆心捕捉、象限点捕捉等捕捉模式，涉及命令有圆命令、直线命令和多边形命令等，绘制结果如图 5-11 所示。

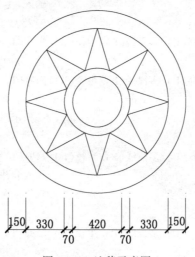

图 5-11　地毯示意图

步骤如下。

（1）设置图形界限。

选择下拉菜单栏中的【格式】|【图形界限】命令，根据命令行提示指定左下角点为坐标原点，右上角点为"2000,2000"。

在命令行中输入 ZOOM 命令，回车后选择【全部（A）】选项，显示图形界限。

（2）设置捕捉模式。

单击状态栏中的对象捕捉按钮图·右侧的下三角按钮，选择"端点""圆心""象限点"三种捕捉模式，并启用对象捕捉和对象捕捉追踪功能。

（3）绘制圆。单击【绘图】面板中圆命令按钮〇下侧的下三角按钮圆，选择⌀ 圆心, 半径【圆心，半径】选项，命令行提示如下：

命令：_circle 指定圆的圆心或［三点（3P）/两点（2P）/ 切点、切点、半径（T）］：

//在绘图区适当点处单击作为圆的圆心

　　　指定圆的半径或［直径(D)］<2.5000>：210　　　//输入半径210并回车

　　再一次单击【绘图】面板中圆命令按钮◑下侧的下三角按钮🔲，选择⊙圆心，半径【圆心，半径】选项，命令行提示如下：

　　　命令：_circle 指定圆的圆心或［三点(3P)/两点(2P)/ 切点、切点、半径(T)］：
　　　　　　　　　　　　　　　　　//将光标移至圆心出现圆心捕捉提示(见图5-12)，单击
　　　指定圆的半径或［直径(D)］<210>：280　//输入半径280并回车

绘制结果如图5-13所示。

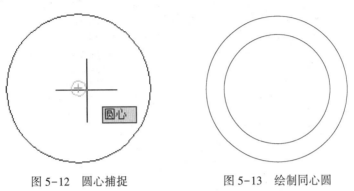

　　　　图 5-12　圆心捕捉　　　　　　　　　　图 5-13　绘制同心圆

同样，绘制半径分别为610和760的同心圆，结果如图5-14所示。
(4) 绘制辅助图形正八边形。

　　单击【绘图】面板中的矩形命令按钮▢右侧的下三角按钮🔻，选择多边形命令按钮⬠多边形，命令行提示如下：

　　　命令：_polygon 输入侧面数 <4>：8　　　　　//输入正多边形的边数8并回车
　　　指定正多边形的中心点或［边(E)］：　　　　//捕捉图5-12所示圆心
　　　输入选项［内接于圆(I)/外切于圆(C)］<i>：i　//输入i并回车，选择内接于圆选项
　　　指定圆的半径：280　　　　　　　　　　　　//输入圆的半径280并回车

绘制结果如图5-15所示。

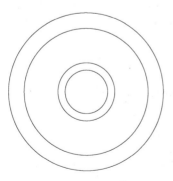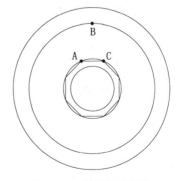

　　　图 5-14　圆绘制结果　　　　　　　　　图 5-15　绘制正八边形

(5) 绘制直线。
　　单击【绘图】面板中的直线命令按钮✐，命令行提示如下：

命令：_line 指定第一个点：	//捕捉端点 A 点
指定下一点或 [放弃(U)]：	//捕捉象限点 B 点
指定下一点或 [放弃(U)]：	//捕捉端点 C 点
指定下一点或 [闭合(C)/放弃(U)]：	//回车

绘制结果如图 5-16 所示。

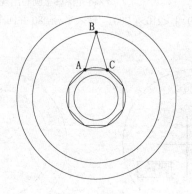

图 5-16　绘制直线

（6）阵列直线。

单击【修改】面板中的矩形阵列命令按钮 ⊞ 阵列 · 右侧的下三角按钮，选择环形阵列命令按钮 环形阵列，命令行提示如下：

命令：_arraypolar

| 选择对象：找到 2 个 | //选择直线 AB 和直线 BC |
| 选择对象： | //回车 |

类型 = 极轴　关联 = 是

指定阵列的中心点或 [基点(B)/旋转轴(A)]：//捕捉图 5-12 所示圆心作为阵列的中心点，弹出
　　//【阵列创建】选项卡，设置【项目】面板中的"项目数"为 8，"填充"为 360，单击【关闭阵列】
　　//按钮

选择夹点以编辑阵列或 [关联(AS)/基点(B)/项目(I)/项目间角度(A)/填充角度(F)/行
(ROW)/层(L)/旋转项目(ROT)/退出(X)] <退出>：　　//显示阵列结果

阵列结果如图 5-17 所示。

（7）删除辅助图形。

单击【修改】面板中的删除命令按钮 ✐，命令行提示如下：

命令：_erase

| 选择对象：找到 1 个 | //选择辅助图形正八边形 |
| 选择对象： | //回车，结束命令 |

绘制结果如图 5-18 所示。

图 5-17　阵列结果

图 5-18　删除辅助图形

> **任务小结：** 本任务主要应用端点捕捉、圆心捕捉和象限点捕捉等捕捉模式。在应用圆心捕捉时可将光标移至圆周位置以确定捕捉哪个圆的圆心。绘制图形时，可根据需要绘制辅助图形。

任务 5.3　绘制灶具平面图

本任务主要应用端点捕捉、中点捕捉、圆心捕捉、交点捕捉、极轴、对象捕捉追踪等知识。另外，本任务还用到"捕捉自"捕捉模式，涉及命令主要有直线命令、矩形命令、圆命令、偏移命令和镜像命令等，绘制结果如图 5-19 所示。

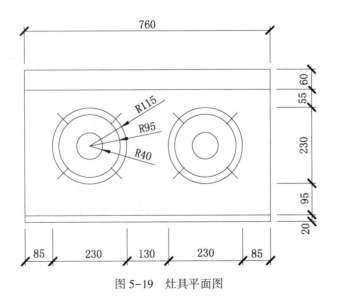

图 5-19　灶具平面图

步骤如下。

（1）设置图形界限。

选择下拉菜单栏中的【格式】|【图形界限】命令，根据命令行提示指定左下角点为坐标原点，右上角点为"1000,1000"。

在命令行中输入 ZOOM 命令，回车后选择【全部(A)】选项，显示图形界限。

（2）设置捕捉模式。

单击状态栏中的对象捕捉按钮▭·右侧的下三角按钮，选择"端点""圆心""交点"三种捕捉模式，并启用对象捕捉和对象捕捉追踪功能。

（3）设置极轴追踪。

单击状态栏中的极轴按钮◷·右侧的下三角按钮，选择【正在追踪设置】选项，弹出【草图设置】对话框，选择【极轴追踪】标签，打开【极轴追踪】选项卡，如图 5-20 所示。选中【启用极轴追踪】复选框，将【极轴角设置】选项区域的【增量角】设置为"45"，单击【确定】按钮。

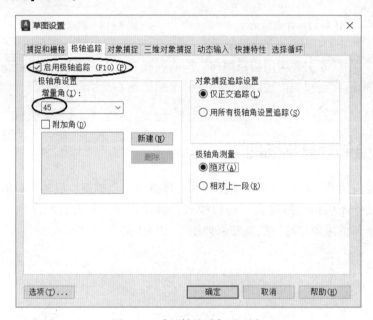

图 5-20　【极轴追踪】选项卡

（4）绘制矩形。

单击【绘图】面板中的矩形命令按钮▭，命令行提示如下：

　　命令：_rectang
　　指定第一个角点或 [倒角(C)/标高(E)/圆角(F)/厚度(T)/宽度(W)]：
　　　　　　　　　　　　　　　　//在绘图区内适当一点处单击，确定矩形的第一个角点
　　指定另一个角点或 [面积(A)/尺寸(D)/旋转(R)]：d　//输入 d 并回车，选择【尺寸(D)】选项
　　指定矩形的长度 <10.0000>：760　　　　　　　//输入矩形长度 760 并回车
　　指定矩形的宽度 <10.0000>：460　　　　　　　//输入矩形宽度 460 并回车
　　指定另一个角点或 [面积(A)/尺寸(D)/旋转(R)]：　//确定矩形方向

绘制结果如图 5-21 所示。

（5）绘制直线。

单击【绘图】面板中的直线命令按钮╱，命令行提示如下：

　　命令：_line 指定第一个点：60　　　//将光标移至 A 点出现绿色的端点捕捉提示，沿垂直向下方
　　　　//向移动鼠标出现对象追踪线（见图 5-22），输入追踪距离 60 并回车确定直线第一个点

指定下一点或［放弃(U)］:	//移动光标至矩形右端垂直线的交点,出现交点捕捉提示
	//(见图5-23),单击以确定直线第二个点
指定下一点或［放弃(U)］:	//回车,结束命令

直接回车,输入上一次直线命令,命令行提示如下:

LINE 指定第一个点:	//将光标移至B点出现绿色的端点捕捉提示,沿垂直向上
//方向移动鼠标出现对象追踪线,输入追踪距离20并回车确定直线第一个点	
指定下一点或［放弃(U)］:	//移动光标至矩形右端垂直线的交点,出现交点捕捉提示,
	//单击以确定直线第二个点
指定下一点或［放弃(U)］:	//回车,结束命令

绘制结果如图 5-24 所示。

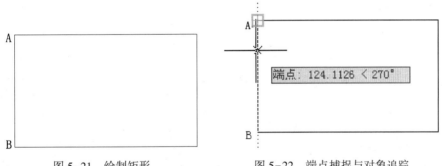

图 5-21　绘制矩形　　　　　　　图 5-22　端点捕捉与对象追踪

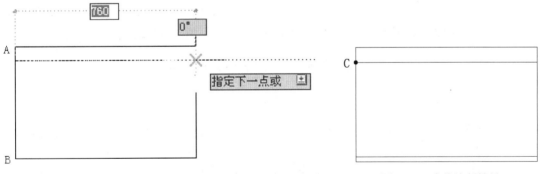

图 5-23　极轴与交点捕捉　　　　　　图 5-24　直线绘制结果

(6) 绘制内部圆。

① 单击【绘图】面板中圆命令按钮下侧的下三角按钮，选择【圆心，半径】选项，命令行提示如下:

命令:_circle 指定圆的圆心或［三点(3P)/两点(2P)/切点、切点、半径(T)］:_from 基点:<偏移>:

@200,-170　　　　　//按住 Shift 键并右击,弹出对象捕捉快捷菜单选择【自】选项,如图5-25

//所示,捕捉C点作为基点,输入相对坐标"@200,-170"并回车

指定圆的半径或［直径(D)］:115　　　　//输入圆的半径115并回车

绘制结果如图 5-26 所示。

图 5-25　对象捕捉快捷菜单

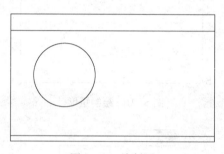

图 5-26　绘制圆

② 单击【修改】面板中的偏移命令按钮⊑，命令行提示如下：

命令：_offset
当前设置：删除源=否　图层=源　OFFSETGAPTYPE=0
指定偏移距离或［通过(T)/删除(E)/图层(L)］＜通过＞:20　　　　　//输入偏移距离 20 并回车
选择要偏移的对象,或［退出(E)/放弃(U)］＜退出＞: //选择图 5-26 中的圆
指定要偏移的那一侧上的点,或［退出(E)/多个(M)/放弃(U)］＜退出＞:
　　　　　　　　　　　　　　　　//在圆的内部单击以确定向内偏移
选择要偏移的对象,或［退出(E)/放弃(U)］＜退出＞: //回车
命令：　OFFSET　　　　　　　　　　　　　　//回车,输入上一次命令偏移命令
当前设置：删除源=否　图层=源　OFFSETGAPTYPE=0
指定偏移距离或［通过(T)/删除(E)/图层(L)］＜20.0000＞:55　　　　//输入偏移距离 55 并回车
选择要偏移的对象,或［退出(E)/放弃(U)］＜退出＞: //选择内部小圆
指定要偏移的那一侧上的点,或［退出(E)/多个(M)/放弃(U)］＜退出＞:
　　　　　　　　　　　　　　　　//在圆的内部单击以确定向内偏移
选择要偏移的对象,或［退出(E)/放弃(U)］＜退出＞: //回车

绘制结果如图 5-27 所示。

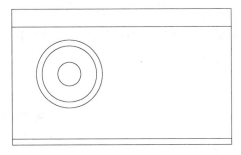

图 5-27　偏移圆

（7）绘制直线。

① 单击【绘图】面板中的直线命令按钮 ✏️，命令行提示如下：

　　　命令：_line 指定第一个点：　　　　　　//捕捉图 5-27 中圆的圆心
　　　指定下一点或［放弃（U）］：　　　　　　//沿 135°极轴方向确定直线第二个点
　　　指定下一点或［放弃（U）］：　　　　　　//回车，结束命令

绘制结果如图 5-28 所示。

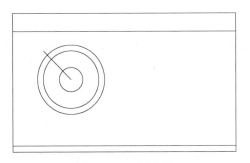

图 5-28　绘制直线

② 单击【修改】面板中的打断命令按钮 🗂️，命令行提示如下：

　　　命令：_break 选择对象：　　　　　//在直线中点偏上位置单击以选择对象并确定第一个打断点
　　　指定第二个打断点 或［第一点（F）］：　　　　//在直线右下角任意一点处单击

打断结果如图 5-29 所示。

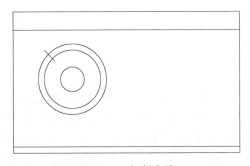

图 5-29　打断直线

③ 阵列直线。

单击【修改】面板中的矩形阵列命令按钮 ⊞ 阵列 ·右侧的下三角按钮，选择环形阵列命令按钮 ⊙ 环形阵列，命令行提示如下：

> 命令：_arraypolar
> 选择对象：找到 1 个　　　　　　　　　　　//选择打断后的直线
> 选择对象：　　　　　　　　　　　　　　　//回车
> 类型 = 极轴　关联 = 是
> 指定阵列的中心点或 [基点(B)/旋转轴(A)]：
> 　　　　　　　　　　　//捕捉小圆圆心作为阵列的中心点，弹出
> 　　//【阵列创建】选项卡，设置【项目】面板中的"项目数"为 4，"填充"为 360，单击【关闭阵列】按钮
> 选择夹点以编辑阵列或 [关联(AS)/基点(B)/项目(I)/项目间角度(A)/填充角度(F)/行(ROW)/层(L)/旋转项目(ROT)/退出(X)] <退出>：　//显示阵列结果

阵列结果如图 5-30 所示。

(8) 镜像内部图形。

单击【修改】面板中的镜像命令按钮 ⚠，命令行提示如下：

> 命令：_mirror
> 选择对象：指定对角点：找到 7 个　　　　　//选择左半部分内部结构
> 选择对象：　　　　　　　　　　　　　　　//回车
> 指定镜像线的第一点：　　　　　　　　　　//捕捉中点 D 作为镜像线的第一个点
> 指定镜像线的第二点：　　　　　　　　　　//捕捉中点 E 作为镜像线的第二个点
> 要删除源对象吗？[是(Y)/否(N)] <否>：　　//回车，不删除源对象

绘制结果如图 5-31 所示。

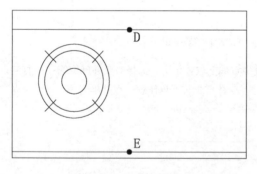

图 5-30　阵列直线

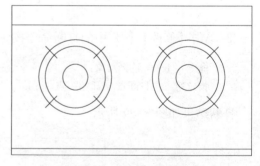

图 5-31　镜像内部图形

任务小结：本任务主要讲解"捕捉自"捕捉方式的使用方法。捕捉模式分为两种形式，通过【草图设置】对话框中的【对象捕捉】选项卡设置的对象捕捉模式为运行捕捉模式，即始终处于运行状态，直到关闭为止；按住键盘上的 Shift 或 Ctrl 键并右击，从弹出的快捷菜单中选择需要的对象捕捉方式，称为覆盖捕捉模式，这种模式仅对本次捕捉操作有效。

任务 5.4 绘制门立面图

本任务综合应用矩形命令、椭圆命令、偏移命令等，并运用多种对象捕捉模式，绘制结果如图 5-32 所示。

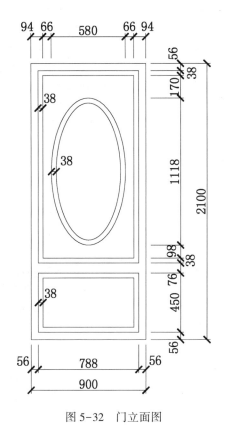

图 5-32 门立面图

步骤如下。

（1）设置图形界限。

选择下拉菜单栏中的【格式】|【图形界限】命令，根据命令行提示指定左下角点为坐标原点，右上角点为"2500，2500"。

在命令行中输入 ZOOM 命令，回车后选择【全部(A)】选项，显示图形界限。

（2）设置捕捉模式。

单击状态栏中的【对象捕捉】按钮右侧的下三角按钮，选择"端点""中点""交点""延长线"四种捕捉模式，并启用对象捕捉和对象捕捉追踪功能。

（3）设置极轴追踪。

单击状态栏中的【极轴】按钮右侧的下三角按钮，将增量角设置为"90"，并启用极轴追踪功能。

（4）绘制外轮廓。

单击【绘图】面板中的矩形命令按钮□，命令行提示如下：

命令：_rectang
指定第一个角点或 ［倒角(C)/标高(E)/圆角(F)/厚度(T)/宽度(W)］：
　　　　　　　　　　　　　//在绘图区内适当一点处单击,确定矩形的第一个角点
指定另一个角点或 ［面积(A)/尺寸(D)/旋转(R)］：d　　//输入 d 并回车,选择【尺寸(D)】选项
指定矩形的长度 <10.0000>：900　　　　　　　//输入矩形长度 900 并回车
指定矩形的宽度 <10.0000>：2100　　　　　　//输入矩形宽度 2100 并回车
指定另一个角点或 ［面积(A)/尺寸(D)/旋转(R)］：　　//确定矩形方向

绘制结果如图 5-33 所示。

（5）绘制内部结构。

① 单击【绘图】面板中的矩形命令按钮□，命令行提示如下：

命令：_rectang
指定第一个角点或 ［倒角(C)/标高(E)/圆角(F)/厚度(T)/宽度(W)］：_from 基点：<偏移>：@
56,56　　　　　　　　　　//按住 Shift 键并右击,弹出对象捕捉快捷菜单选择【自】选项,
　　　　　　　　　　　　　//捕捉 A 点作为基点,输入相对坐标"@56,56"并回车
指定另一个角点或 ［面积(A)/尺寸(D)/旋转(R)］：d　　//输入 d 并回车,选择【尺寸(D)】选项
指定矩形的长度 <900.0000>：788　　　　　　//输入矩形长度 788 并回车
指定矩形的宽度 <2100.0000>：450　　　　　//输入矩形宽度 450 并回车
指定另一个角点或 ［面积(A)/尺寸(D)/旋转(R)］：　　//在 A 点右上方单击以确定矩形方向

绘制结果如图 5-34 所示。

图 5-33　门外轮廓　　　　　　　　图 5-34　绘制下侧矩形

② 再一次单击【绘图】面板中的矩形命令按钮□，命令行提示如下：

命令：_rectang

指定第一个角点或［倒角(C)/标高(E)/圆角(F)/厚度(T)/宽度(W)］:_from 基点:<偏移>:@
56,-56　　　　　　　　　　　　　　　//按住 Shift 键并右击,弹出对象捕捉快捷菜单
　　　//选择【自】选项,捕捉 B 点作为基点,输入相对坐标"@56,-56"并回车
指定另一个角点或［面积(A)/尺寸(D)/旋转(R)］:d　//输入 d 并回车,选择【尺寸(D)】选项
指定矩形的长度 <788.0000>:788　　　　　//输入矩形长度 788 并回车
指定矩形的宽度 <450.0000>:1462　　　　//输入矩形宽度 1462 并回车
指定另一个角点或［面积(A)/尺寸(D)/旋转(R)］:　//在 B 点右下方单击以确定矩形方向

绘制结果如图 5-35 所示。

③ 单击【修改】面板中的偏移命令按钮⊆,命令行提示如下:

命令:_offset
当前设置:删除源=否　图层=源　OFFSETGAPTYPE=0
指定偏移距离或［通过(T)/删除(E)/图层(L)］<通过>:38　　//输入偏移距离 38 并回车
选择要偏移的对象,或［退出(E)/放弃(U)］<退出>:　　　//选择矩形 1(见图 5-35)
指定要偏移的那一侧上的点,或［退出(E)/多个(M)/放弃(U)］<退出>:
　　　　　　　　　　　　　　　　　　//在矩形 1 内部单击以确定向内偏移
选择要偏移的对象,或［退出(E)/放弃(U)］<退出>:　　　//选择矩形 2(见图 5-35)
指定要偏移的那一侧上的点,或［退出(E)/多个(M)/放弃(U)］<退出>:
　　　　　　　　　　　　　　　　　　//在矩形 2 内部单击以确定向内偏移
选择要偏移的对象,或［退出(E)/放弃(U)］<退出>:　　　//回车,结束命令

绘制结果如图 5-36 所示。

 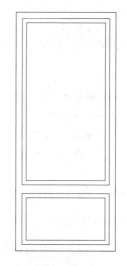

图 5-35　绘制上侧矩形　　　　　　图 5-36　偏移内部矩形

④ 绘制椭圆。

单击【绘图】面板中椭圆命令按钮右侧的下三角按钮,选择【轴,端点】选项,命令行提示如下:

命令:_ellipse

指定椭圆的轴端点或 [圆弧(A)/中心点(C)]: 98

    //沿图 5-37 所示小矩形下边线中点垂直向上追踪 98

指定轴的另一个端点: 1118   //沿垂直向上极轴方向输入距离 1118 并回车

指定另一条半轴长度或 [旋转(R)]: 290   //输入半轴长度 290 并回车

绘制结果如图 5-38 所示。

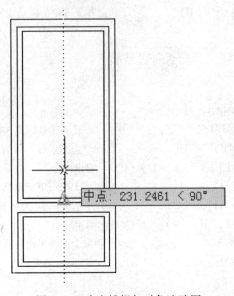

图 5-37   中点捕捉与对象追踪图

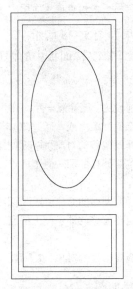

图 5-38   绘制椭圆

⑤ 偏移椭圆。

单击【修改】面板中的偏移命令按钮⊆，命令行提示如下：

命令: _offset

当前设置: 删除源=否   图层=源   OFFSETGAPTYPE=0

指定偏移距离或 [通过(T)/删除(E)/图层(L)] <38.0000>: 38   //输入偏移距离 38 并回车

选择要偏移的对象，或 [退出(E)/放弃(U)] <退出>:   //选择椭圆

指定要偏移的那一侧上的点，或 [退出(E)/多个(M)/放弃(U)] <退出>:

    //在椭圆内部单击以确定向内偏移

选择要偏移的对象，或 [退出(E)/放弃(U)] <退出>:   //回车,结束命令

绘制结果如图 5-39 所示。

任务小结：本任务综合应用极轴追踪、对象捕捉和对象捕捉追踪功能。在启用对象捕捉追踪功能之前，必须先启用对象捕捉功能。按 F10 键也可以打开或关闭极轴功能。

图 5-39　偏移椭圆

任务 5.5　绘制坐便器平面图

本任务综合应用矩形命令、椭圆命令、圆命令、倒角命令等，并综合应用极轴、对象捕捉、对象捕捉追踪等知识，绘制结果如图 5-40 所示。

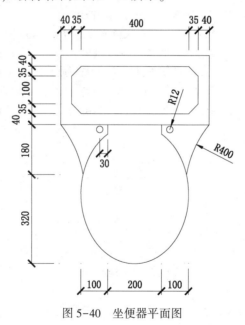

图 5-40　坐便器平面图

步骤如下。

（1）设置图形界限。

选择下拉菜单栏中的【格式】|【图形界限】命令，根据命令行提示指定左下角点为坐标原点，右上角点为"1500,1500"。

在命令行中输入 ZOOM 命令，回车后选择【全部(A)】选项，显示图形界限。

（2）设置捕捉模式。

单击状态栏中的【对象捕捉】按钮🔲·右侧的下三角按钮，选择"端点""中点""交点""延长线"四种捕捉模式，并启用对象捕捉和对象捕捉追踪功能。

（3）设置极轴追踪。

单击状态栏中的【极轴】按钮🟢·右侧的下三角按钮，将增量角设置为"90"，并启用极轴追踪功能。

（4）绘制矩形。

① 单击【绘图】面板中的矩形命令按钮🔲，命令行提示如下：

命令：_rectang
指定第一个角点或［倒角（C）/标高（E）/圆角（F）/厚度（T）/宽度（W）］:
　　　　　　　　　　　　　　　　　　//在绘图区内适当一点处单击以确定矩形的第一个角点
指定另一个角点或［面积（A）/尺寸（D）/旋转（R）］: d　　//输入 d 并回车，选择【尺寸（D）】选项
指定矩形的长度 <10.0000>:550　　　　　　　　　　//输入矩形长度 550 并回车
指定矩形的宽度 <10.0000>:250　　　　　　　　　　//输入矩形宽度 250 并回车
指定另一个角点或［面积（A）/尺寸（D）/旋转（R）］:　　//确定矩形方向

② 单击【修改】面板中的偏移命令按钮⊆，命令行提示如下：

命令：_offset
当前设置：删除源=否　图层=源　OFFSETGAPTYPE=0
指定偏移距离或［通过（T）/删除（E）/图层（L）］<通过>: 40　//输入偏移距离 40 并回车
选择要偏移的对象，或［退出（E）/放弃（U）］<退出>:　　　//选择矩形
指定要偏移的那一侧上的点，或［退出（E）/多个（M）/放弃（U）］<退出>:
　　　　　　　　　　　　　　　　　　//在矩形内部单击以确定向内偏移
选择要偏移的对象，或［退出（E）/放弃（U）］<退出>:　　　//回车

绘制结果如图 5-41 所示。

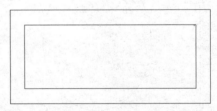

图 5-41　绘制矩形

③ 单击【修改】面板中圆角命令按钮🔲 圆角 ·右侧的下三角按钮，选择倒角命令🔲 倒角，命令行提示如下：

命令：_chamfer
（"修剪"模式）当前倒角距离 1=0.0000,距离 2=0.0000
选择第一条直线或［放弃（U）/多段线（P）/距离（D）/角度（A）/修剪（T）/方式（E）/多个（M）］: d
　　　　　　　　　　　　　　　　//输入 d 并回车，选择【距离（D）】选项
指定第一个倒角距离 <0.0000>: 35　　　　　　　//输入第一个倒角距离 35 并回车

指定第二个倒角距离 <35.0000>：35　　　　　　　　//输入第二个倒角距离 35 并回车

选择第一条直线或［放弃(U)/多段线(P)/距离(D)/角度(A)/修剪(T)/方式(E)/多个(M)］：p

　　　　　　　　　　　　　　　　　　　　　　//输入 p 并回车,选择【多段线(P)】选项

选择二维多段线或［距离(D)/角度(A)/方法(M)］：　　//选择内部小矩形

4 条直线已被倒角。

绘制结果如图 5-42 所示。

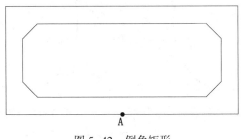

图 5-42　倒角矩形

（5）绘制椭圆。

单击【绘图】面板中椭圆命令按钮⊙右侧的下三角按钮，选择⬭轴,端点【轴，端点】选项，命令行提示如下：

命令：_ellipse

指定椭圆的轴端点或［圆弧(A)/中心点(C)］：　　//捕捉图 5-42 中大矩形下边中点 A

指定轴的另一个端点：500　　　　　　　　　//沿垂直向下极轴方向输入距离 500 并回车

指定另一条半轴长度或［旋转(R)］:200　　　//输入半轴长度 200 并回车

绘制结果如图 5-43 所示。

（6）绘制直线。

① 单击【绘图】面板中的直线命令按钮／，命令行提示如下：

命令：_line 指定第一个点:100　　//由中点 A(见图 5-42)向左追踪距离为 100 作为直线第一个点

指定下一点或［放弃(U)］：　　　　//沿垂直向下方向与椭圆出现交点捕捉,单击

指定下一点或［放弃(U)］：　　　　//回车,结束命令

绘制结果如图 5-44 所示。

② 单击【修改】面板中的镜像命令按钮⧉，命令行提示如下：

命令：_mirror

选择对象:找到 1 个　　　　　　　　　　//选择直线

选择对象：　　　　　　　　　　　　　//回车

指定镜像线的第一点：　　　　　　　　//捕捉中点 A 作为镜像线的第一个点

指定镜像线的第二点：　　　　　　　　//捕捉中点 B 作为镜像线的第二个点

要删除源对象吗?［是(Y)/否(N)］<否>：　　//回车,不删除源对象

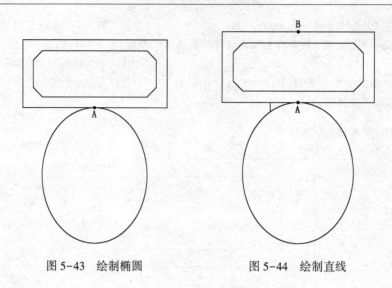

图 5-43　绘制椭圆　　　　　图 5-44　绘制直线

绘制结果如图 5-45 所示。

（7）修剪椭圆。

单击【修改】面板中的修剪命令按钮 修剪，命令行提示如下：

命令：_trim
当前设置：投影＝UCS,边＝无,模式＝快速
选择要修剪的对象,或按住 Shift 键选择要延伸的对象或
[剪切边(T)/窗交(C)/模式(O)/投影(P)/删除(R)]：　　　　　　//选择椭圆的上半部分
选择要修剪的对象,或按住 Shift 键选择要延伸的对象或
[剪切边(T)/窗交(C)/模式(O)/投影(P)/删除(R)/放弃(U)]：　//回车

绘制结果如图 5-46 所示。

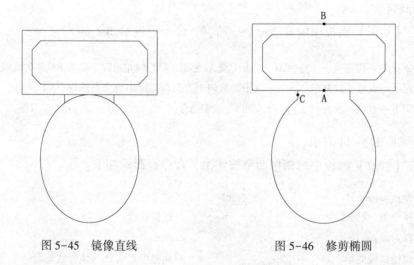

图 5-45　镜像直线　　　　　图 5-46　修剪椭圆

（8）绘制圆。

① 单击【绘图】面板中圆命令按钮 下侧的下三角按钮 ，选择 圆心、半径 【圆心，半

径】选项，命令行提示如下：

    命令：_circle 指定圆的圆心或［三点(3P)/两点(2P)/ 切点、切点、半径(T)］：30

                                             //从直线中点 C 左追踪 30 作为圆心

    指定圆的半径或［直径(D)］：12　　　　　//输入圆的半径 12 并回车

② 单击【修改】面板中的镜像命令按钮 ⚎，命令行提示如下：

    命令：_mirror

    选择对象：找到 1 个　　　　　　　　　　//选择圆

    选择对象：　　　　　　　　　　　　　　//回车

    指定镜像线的第一点：　　　　　　　　　//捕捉中点 A 作为镜像线的第一个点

    指定镜像线的第二点：　　　　　　　　　//捕捉中点 B 作为镜像线的第二个点

    要删除源对象吗？［是(Y)/否(N)］<否>：//回车

绘制结果如图 5-47 所示。

(9) 绘制辅助直线。

单击【绘图】面板中的直线命令按钮 ✐，命令行提示如下：

    命令：_line 指定第一个点：180　　　　//沿 D 点下追踪 180 作为直线的第一个点

    指定下一点或［放弃(U)］：　　　　　　//沿水平向右合适位置处单击

    指定下一点或［放弃(U)］：　　　　　　//回车

绘制结果如图 5-48 所示。

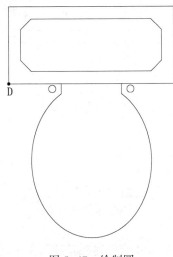

图 5-47　绘制圆

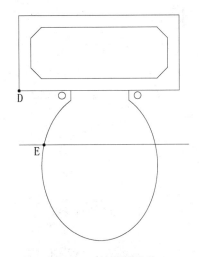

图 5-48　绘制辅助线

(10) 绘制圆弧。

① 单击【绘图】面板中圆弧按钮 ⌒ 下侧的下三角按钮 圆弧，选择 ⌒ 起点, 端点, 半径【起点，端点，半径】选项，命令行提示如下：

    命令：_arc 指定圆弧的起点或［圆心(C)］：　　　　//捕捉 E 点

    指定圆弧的第二个点或［圆心(C)/端点(E)］：_e

指定圆弧的端点：　　　　　　　　　　　　　　　　//捕捉 D 点

指定圆弧的中心点(按住 Ctrl 键以切换方向)或[角度(A)/方向(D)/半径(R)]：_r

指定圆弧的半径(按住 Ctrl 键以切换方向)：400　　//输入半径 400 并回车

绘制结果如图 5-49 所示。

② 单击【修改】面板中的镜像命令按钮▲▲，命令行提示如下：

命令：_mirror

选择对象：找到 1 个　　　　　　　　　　　　//选择圆弧

选择对象：　　　　　　　　　　　　　　　//回车

指定镜像线的第一点：　　　　　　　　　　//捕捉中点 A 作为镜像线的第一个点

指定镜像线的第二点：　　　　　　　　　　//捕捉中点 B 作为镜像线的第二个点

要删除源对象吗？[是(Y)/否(N)]<否>：　　　//回车

③ 单击【修改】面板中的删除命令按钮◢，命令行提示如下：

命令：_erase

选择对象：指定对角点：找到 1 个　　　//选择辅助直线

选择对象：　　　　　　　　　　　　//回车,结束命令

绘制结果如图 5-50 所示。

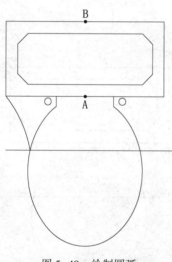

图 5-49　绘制圆弧

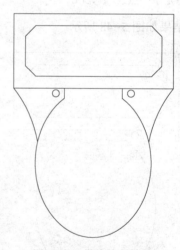

图 5-50　最终绘制结果

任务小结：本任务综合应用极轴追踪、对象捕捉和对象捕捉追踪功能。不能同时应用极轴功能和正交功能，一般情况下绘制时，应启用极轴功能、对象捕捉功能和对象捕捉追踪功能。

思考与练习

1. 思考题。

(1) 正交命令与极轴命令的区别是什么？

（2）对象捕捉追踪命令与对象捕捉命令有什么紧密联系？

（3）对象捕捉模式有多少种？各是什么？

（4）如何设置极轴增量角？

2. 将左侧的功能键与右侧的功能连接起来。

F2　　　　　　　　　　　　　　对象捕捉开关

F3　　　　　　　　　　　　　　正交模式开关

F8　　　　　　　　　　　　　　对象捕捉追踪开关

F10　　　　　　　　　　　　　极轴开关

F11　　　　　　　　　　　　　文本窗口开关

Esc　　　　　　　　　　　　　重复上一次命令

Enter（在"命令:"提示下）　　退出命令

3. 选择题。

（1）在（　　）情况下，可以直接输入距离值。

　　　A. 打开对象捕捉　　B. 打开对象追踪　　C. 打开极轴　　D. 以上同时打开

（2）单击键盘上的 F10 键可以打开或关闭（　　）功能。

　　　A. 正交　　　　　　B. 极轴　　　　　　C. 对象捕捉　　D. 对象追踪

（3）正交功能和极轴功能（　　）同时使用。

　　　A. 可以　　　　　　B. 不可以

（4）当光标只能在水平和垂直方向移动时，是在执行（　　）命令。

　　　A. 正交　　　　　　B. 极轴　　　　　　C. 对象捕捉　　D. 对象追踪

4. 绘图题。

（1）玻璃造型窗示意图，如图 5-51 所示。

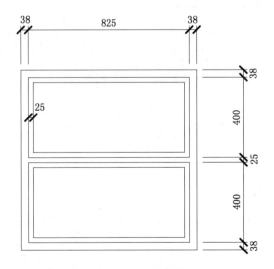

图 5-51　玻璃造型窗示意图

（2）洗手盆平面图，如图 5-52 所示。

（3）浴室平面图，如图 5-53 所示。

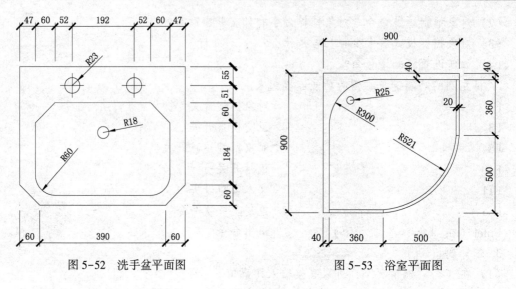

图 5-52　洗手盆平面图

图 5-53　浴室平面图

（4）桌椅平面图，如图 5-54 所示。

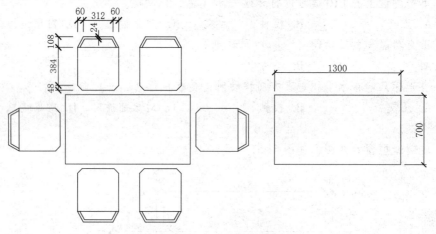

图 5-54　桌椅平面图

项目 6　文字和表格

文字在工程图纸中是必不可少的一部分，如尺寸标注文本、标题栏、装饰材料说明、房间功能的标注等，都需要创建文字对象来表达图纸意图。文字对象和图形对象一起构成工程图纸。

任务 6.1　创建文字样式

本任务要求创建"汉字"文字样式和"数字"文字样式。"汉字"样式采用"仿宋"字体，不设定字体高度，宽度因子为 0.7，用于书写标题栏、设计说明等部分的汉字；"数字"样式采用"Simplex.shx"字体，不设定字体高度，宽度因子为 0.7，用于标注尺寸等。

步骤如下。

（1）设置"汉字"文字样式。

单击【注释】面板中的文字样式命令按钮，弹出【文字样式】对话框。单击【新建】按钮，弹出【新建文字样式】对话框，如图 6-1 所示，在【样式名】文本框中输入新样式名"汉字"，单击【确定】按钮，返回【文字样式】对话框。从【字体名】下拉

图 6-1　【新建文字样式】对话框

列表框中选择"仿宋"字体，【宽度因子】文本框设置为 0.7，【高度】文本框保留默认的值 0，如图 6-2 所示，单击【应用】按钮。

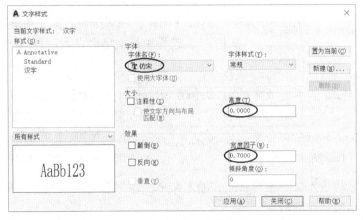

图 6-2　"汉字"文字样式

（2）设置"数字"文字样式。

在【文字样式】对话框中，单击【新建】按钮，弹出【新建文字样式】对话框，在【样式名】文本框中输入新样式名"数字"，单击【确定】按钮，返回【文字样式】对话框。从【字体名】下拉列表框中选择"Simplex. shx"字体，【宽度因子】文本框设置为0.7，【高度】文本框保留默认的值0，单击【应用】按钮，单击【关闭】按钮。

注意：效果选项组中各选项的功能说明如下。

①【颠倒】复选框：选中后，表示将文本文字倒置标注。

②【反向】复选框：选中后，可以将文本文字反向标注。

③【垂直】复选框：此选项可以决定文本是垂直标注还是水平标注。

④宽度因子：可以设置文本字符的宽高比。

⑤倾斜角度：用于确定文字的倾斜角度。正值表示向右倾斜，负值表示向左倾斜。

> **任务小结**：本任务创建两个文字样式，即"汉字"样式和"数字"样式，这是工程制图中常用的两种文字样式。

任务6.2　图名标注

本任务要求创建如图6-3所示的单行文字，文字的样式为"汉字"样式，字高为50。

煤气公司综合楼一层平面图

图6-3　单行文字标注实例

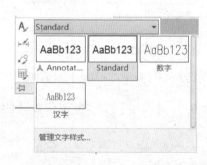

图6-4　设置当前文字样式

步骤如下。

（1）设置"汉字"样式为当前文字样式。

单击【注释】面板中文字样式命令按钮 右侧的下三角按钮，选择汉字文字样式，如图6-4所示，将"汉字"样式设置为当前文字样式。

（2）创建单行文字。

单击【注释】面板中多行文字命令 A 下侧的下三角按钮，选择单行文字命令 A 单行文字，命令行提示如下：

```
命令：_text
当前文字样式："汉字"  文字高度：2.5000  注释性：否  对正：左
指定文字的起点或[对正(J)/样式(S)]：          //在绘图区内适当一点处单击
指定高度 <2.5000>:50                          //输入文字高度50并回车
指定文字的旋转角度 <0>:                        //回车，取默认的旋转角度0
```

此时，绘图区将进入文字编辑状态，输入文字"煤气公司综合楼一层平面图"，回车换行，再一次回车结束命令即可。

注意：在绘图过程中，经常会用到一些特殊符号，如直径符号、正负公差符号、度符号等，对于这些特殊符号，AutoCAD 提供了相应的控制符来实现其输出功能，见表6-1。

表 6-1 常用控制符

控制符	功能
%%O	打开或关闭文字上划线
%%U	打开或关闭文字下划线
%%D	度（°）符号
%%P	正负公差（±）符号
%%C	圆直径（φ）符号
%%%	百分号%

任务小结： 单行文字用来创建内容比较简短的文字对象，如图名、门窗标号等。如果当前使用的文字样式将文字的高度设置为0，命令行将显示"指定高度："提示信息；如果文字样式中已经指定文字的固定高度，则命令行不显示该提示信息，使用文字样式中设置的文字高度。

任务 6.3 采暖设计说明标注

本任务主要应用多行文字命令创建采暖设计说明，结果如图6-5所示。

采暖设计说明

1.本工程采暖形式为水平串联式,办公楼部分为垂直单管系统。

2.采暖管道采用焊接钢管。管径<40毫米,为丝接;管径>40毫米,为焊接。

3.明设管道及支架等刷樟丹一遍,银粉两遍。

4.采暖管道入户敷设形式:地沟敷设。

5.散热器:住宅采用四柱660型,网点及办公楼采用四柱760型。

图 6-5 采暖设计说明

步骤如下。

单击【注释】面板中文字命令 A 下侧的下三角按钮 文字，选择多行文字命令 A 多行文字，命令行提示如下：

命令：_mtext
当前文字样式："Standard" 文字高度：50 注释性：否
指定第一角点：　　　//指定矩形框的第一个角点
指定对角点或[高度(H)/对正(J)/行距(L)/旋转(R)/样式(S)/宽度(W)/栏(C)]：
　　　　　　　　　//指定矩形框的另一个角点,弹出【文字编辑器】工具栏和文字窗口

在【文字编辑器】工具栏中，选择"汉字"文字样式，文字高度设置为50。在文字窗口中输入相应的设计说明文字，结果如图6-6所示。

图 6-6 【文字编辑器】工具栏和文字窗口内容

选择"采暖设计说明"文字，将文字高度修改为 70，如图 6-7 所示，单击【关闭文字编辑器】按钮。

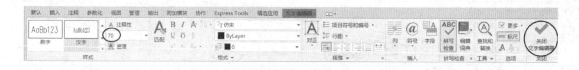

图 6-7 修改标题高度

任务小结：多行文字命令用来创建内容较多、较复杂的多行文字，无论创建的多行文字包含多少行，AutoCAD 都将其作为一个单独的对象操作。多行文字可以包含不同高度的字符。要使用堆叠文字，文字中必须包含插入符（^）、正向斜杠（/）或磅符号（#）。选中并右击要进行堆叠的文字，然后在快捷菜单中单击【堆叠】，即可将堆叠字符左侧的文字堆叠在右侧的文字之上。选中并右击堆叠文字，选择【堆叠特性】，弹出【堆叠特性】对话框。使用【文字】选项可以分别编辑上面和下面的文字，使用【外观】选项可以控制堆叠文字的堆叠样式、位置和大小。

任务 6.4　绘制屋面节点详图

本任务要求绘制如图 6-8 所示的屋面节点详图，并运用单行文字命令标注屋面做法。

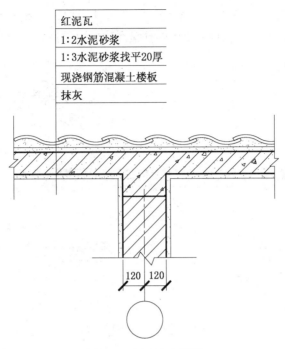

图 6-8 屋面节点详图

步骤如下。

（1）设置图形界限。

选择下拉菜单栏中的【格式】|【图形界限】命令，根据命令行提示指定左下角点为坐标原点，右上角点为 "1500,1500"。

在命令行中输入 ZOOM 命令，回车后选择【全部(A)】选项，显示图形界限。

（2）加载点画线 "CENTER2" 线型。

① 选择下拉菜单栏中的【格式】|【线型】命令，弹出【线型管理器】对话框。

② 单击【加载】按钮，弹出【加载或重载线型】对话框，如图 6-9 所示。从【可用线型】列表框中选择 "CENTER2" 线型，单击【确定】按钮，返回【线型管理器】对话框，

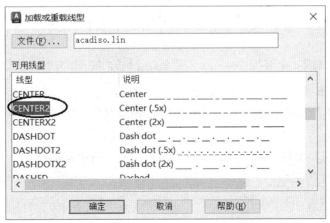

图 6-9 【加载或重载线型】对话框

从该对话框的列表中选择"CENTER2"线型，并单击【当前】按钮，即可将当前线型设置为 CENTER2 线型。将【详细信息】选项卡中的【全局比例因子】设置为 5，如图 6-10 所示。

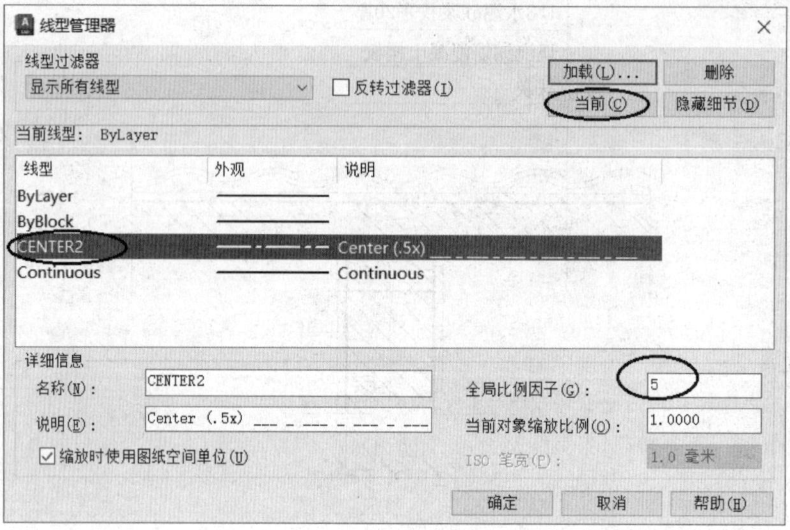

图 6-10 【线型管理器】对话框

（3）绘制轴线。

① 单击【绘图】面板中的直线命令按钮 ╱，命令行提示如下：

　　命令：_line 指定第一个点：　　　　　　//在绘图区内适当一点处单击
　　指定下一点或[放弃(U)]：600　　　　　//沿垂直向上极轴方向输入距离 600 并回车
　　指定下一点或[放弃(U)]：　　　　　　//回车,结束命令

② 单击【特性】面板中【线型】下拉列表框右侧的三角按钮，选择"Continuous"实线线型为当前线型。

③ 单击【绘图】面板中圆命令按钮 ⊙ 下侧的下三角按钮 ⊙，选择 ⊙ 两点【两点】选项，命令行提示如下：

　　　命令：_circle
　　　指定圆的圆心或[三点(3P)/两点(2P)/切点、切点、半径(T)]：_2p 指定圆直径的第一个端点：
　　　　　　　　　　　　　　　　　//捕捉直线的下端点
　　　指定圆直径的第二个端点：200　　　//沿垂直向下方向输入距离 200 并回车

绘制结果如图 6-11 所示。

④ 单击【绘图】面板中的直线命令按钮 ╱ 绘制辅助线，结果如图 6-12 所示。

（4）绘制墙线。

① 单击【绘图】面板中的多段线命令按钮 ⤵，命令行提示如下：

　　命令：_pline
　　指定起点：120　　　　　　　　　　//沿交点 A 左追踪 120 作为多段线的起点
　　当前线宽为 0.0000
　　指定下一个点或[圆弧(A)/半宽(H)/长度(L)/放弃(U)/宽度(W)]：w

//输入 w 并回车,选择【宽度(W)】选项

指定起点宽度 <0.0000>: 5　　　//输入起点宽度 5 并回车

指定端点宽度 <5.0000>: 5　　　//输入端点宽度 5 并回车

指定下一个点或[圆弧(A)/半宽(H)/长度(L)/放弃(U)/宽度(W)]: 450

//沿垂直向上极轴方向输入距离 450 并回车

指定下一点或[圆弧(A)/闭合(C)/半宽(H)/长度(L)/放弃(U)/宽度(W)]: 600

//沿水平向左极轴方向输入距离 600 并回车

指定下一点或[圆弧(A)/闭合(C)/半宽(H)/长度(L)/放弃(U)/宽度(W)]:

//回车,结束命令

图 6-11　轴线绘制结果

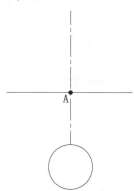

图 6-12　辅助线绘制结果

绘制结果如图 6-13 所示。

② 单击【绘图】面板中的直线命令按钮 ╱, 命令行提示如下:

命令: _line 指定第一个点: 25　　//沿 B 点水平向左追踪 25 作为直线的第一个点

指定下一点或[放弃(U)]: _from 基点: <偏移>: @-25,-25

//按住 Shift 键并右击,弹出对象捕捉快捷菜单选择【自】选项,

//捕捉 C 点作为基点,输入相对坐标"@-25,-25"并回车

指定下一点或[放弃(U)]:　　　//沿 D 点向下追踪,取交点

指定下一点或[闭合(C)/放弃(U)]: //回车,结束命令

绘制结果如图 6-14 所示。

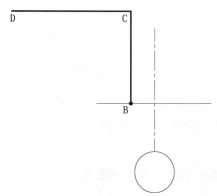

图 6-13　多段线绘制结果

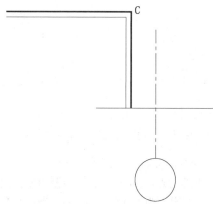

图 6-14　直线绘制结果

(5) 绘制梁的下边线。

① 单击【绘图】面板中的多段线命令按钮，命令行提示如下：

命令：_pline
指定起点：120　　　　　　　//沿 C 点垂直向下追踪 120 作为多段线的起点
当前线宽为 5.0000　　　　　　//当前线宽为 5
指定下一个点或[圆弧(A)/半宽(H)/长度(L)/放弃(U)/宽度(W)]：240
　　　　　　　　　　　　　　//沿水平向右极轴方向输入多段线长度 240 并回车
指定下一点或[圆弧(A)/闭合(C)/半宽(H)/长度(L)/放弃(U)/宽度(W)]：
　　　　　　　　　　　　　　//回车，结束命令

② 运用直线命令绘制经过 D 点的垂直辅助线，绘制结果如图 6-15 所示。

(6) 镜像图形。

单击【修改】面板中的镜像命令按钮，命令行提示如下：

命令：_mirror
选择对象：指定对角点：找到 4 个　　//选择镜像源对象
选择对象：　　　　　　　　　　//回车
指定镜像线的第一点：　　　　　　//捕捉中点 E 作为镜像线的第一个点
指定镜像线的第二点：　　　　　　//捕捉中点 E 所在垂直线上任一点作为镜像线的第二个点
要删除源对象吗？[是(Y)/否(N)]<否>：//回车，不删除源对象

绘制结果如图 6-16 所示。

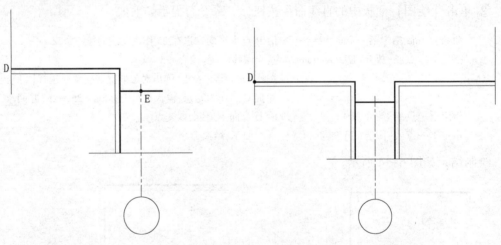

图 6-15　梁的下边线绘制结果　　　　　　　图 6-16　镜像结果

(7) 绘制屋面板上部线。

① 单击【绘图】面板中的多段线命令按钮，命令行提示如下：

命令：_pline
指定起点：120　　　　　　　//从 D 点上追踪距离为 120 作为多段线的起点
当前线宽为 5.0000　　　　　　//当前线宽为 5
指定下一个点或[圆弧(A)/半宽(H)/长度(L)/放弃(U)/宽度(W)]：

//沿水平向右方向捕捉与右端垂直折断线的交点

指定下一点或[圆弧(A)/闭合(C)/半宽(H)/长度(L)/放弃(U)/宽度(W)]:

//回车,结束命令

② 单击【绘图】面板中的直线命令按钮，命令行提示如下:

命令:_line 指定第一个点:145   //从 D 点上追踪距离 145 作为直线的起点

指定下一点或[放弃(U)]:   //沿水平向右方向捕捉与右端垂直折断线的交点

指定下一点或[放弃(U)]:   //回车,结束命令

绘制结果如图 6-17 所示。

(8) 绘制红泥瓦。

① 单击【绘图】面板中圆弧按钮 下侧的下三角按钮，选择 起点，端点，角度【起点，端点，角度】选项，命令行提示如下:

命令:_arc

指定圆弧的起点或[圆心(C)]:   //在左端垂直折断线上合适位置处单击

指定圆弧的第二个点或[圆心(C)/端点(E)]:_e

指定圆弧的端点:140   //沿水平向右方向输入距离 140 并回车

指定圆弧的中心点(按住 Ctrl 键以切换方向)或[角度(A)/方向(D)/半径(R)]:_a

指定夹角(按住 Ctrl 键以切换方向):-60   //输入包含角-60 并回车

绘制结果如图 6-18 所示。

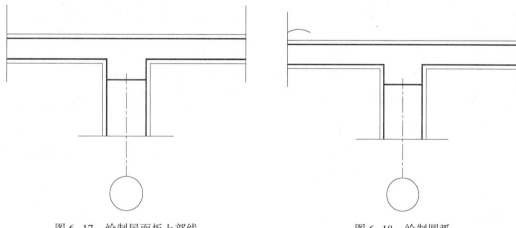

图 6-17 绘制屋面板上部线   图 6-18 绘制圆弧

② 单击【修改】面板中的镜像命令按钮，命令行提示如下:

命令:_mirror

选择对象:找到 1 个   //选择图 6-18 中的圆弧

选择对象: //回车

指定镜像线的第一点: //捕捉圆弧的右端点作为镜像线的第一个点

指定镜像线的第二点: //捕捉圆弧的右端点垂直线上任意一点作为镜像线的第二个点

要删除源对象吗?[是(Y)/否(N)]<否>:   //回车,不删除源对象

直线回车,输入上一次命令镜像命令,命令行提示如下:

命令: MIRROR
选择对象: 找到 1 个　　　　　　　//选择镜像出的圆弧
选择对象:　　　　　　　　　　　//回车
指定镜像线的第一点:　　　　　　//捕捉镜像出的圆弧的左端点作为镜像线的第一个点
指定镜像线的第二点:　　　　　　//捕捉镜像出的圆弧的右端点作为镜像线的第二个点
要删除源对象吗? [是(Y)/否(N)]<否>: y　　　//输入"y"并回车,删除源对象

绘制结果如图 6-19 所示。

③ 单击菜单栏中的【修改】|【对象】|【多段线】命令,命令行提示如下:

命令: _pedit
选择多段线或[多条(M)]:　　　　//选择图 6-19 中左侧的圆弧
选定的对象不是多段线
是否将其转换为多段线? <Y>　　　//回车,选择"Y",将圆弧转换成多段线
输入选项[闭合(C)/合并(J)/宽度(W)/编辑顶点(E)/拟合(F)/样条曲线(S)/非曲线化(D)/线型生成(L)/反转(R)/放弃(U)]: j　　//输入 j 并回车,选择【合并(J)】选项
选择对象: 找到 1 个　　　　　　//选择图 6-19 中右侧的圆弧
选择对象:　　　　　　　　　　//回车
多段线已增加 1 条线段
输入选项[闭合(C)/合并(J)/宽度(W)/编辑顶点(E)/拟合(F)/样条曲线(S)/非曲线化(D)/线型生成(L)/反转(R)/放弃(U)]:　　//回车

④ 单击【修改】面板中的偏移命令按钮⊑,命令行提示如下:

命令: _offset
当前设置: 删除源=否　图层=源　OFFSETGAPTYPE=0
指定偏移距离或[通过(T)/删除(E)/图层(L)]<通过>: 15　　//输入偏移距离 15 并回车
选择要偏移的对象,或[退出(E)/放弃(U)]<退出>:　　//选择刚刚转换的多段线
指定要偏移的那一侧上的点,或[退出(E)/多个(M)/放弃(U)]<退出>:
　　　　　　　　　　　　　　　　　//在下侧单击,确定下侧偏移
选择要偏移的对象,或[退出(E)/放弃(U)]<退出>:　　//回车

单击【绘图】面板中的直线命令按钮╱,依次绘制直线连接两条多段线的端点,结果如图 6-20 所示。

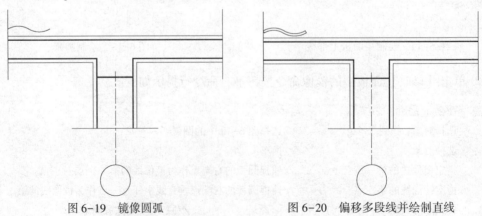

　　图 6-19　镜像圆弧　　　　　　　图 6-20　偏移多段线并绘制直线

⑤ 单击【修改】面板中的矩形阵列命令按钮 ⊞ 阵列 ·，阵列复制红泥瓦，命令行操作如下：

命令：_arrayrect

选择对象：指定对角点：找到 4 个　　　　//选择红泥瓦

选择对象：　　　　　　　　　　　　　　//回车，弹出【阵列创建】选项卡，设置【列】面板中的

　　//"列数"为 6，"介于"为 242，【行】面板中的"行数"为 1，单击【关闭阵列】按钮

类型 = 矩形　关联 = 是

选择夹点以编辑阵列或 [关联(AS)/基点(B)/计数(COU)/间距(S)/列数(COL)/行数(R)/层数

(L)/退出(X)] <退出>：　　　　　　//显示阵列结果

阵列结果如图 6-21 所示。

⑥ 运用修剪命令和删除命令修改阵列结果，修改结果如图 6-22 所示。

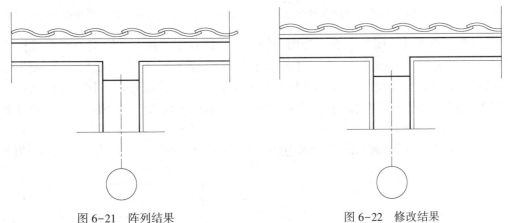

图 6-21　阵列结果　　　　　　　　　　图 6-22　修改结果

(9) 填充图案。

① 单击【绘图】面板中的图案填充命令按钮 ▨，弹出【图案填充创建】选项卡，如图 6-23 所示。单击【图案填充创建】选项卡【图案】面板右下角的下三角按钮 ▾，将显示 AutoCAD 中所有的填充图案，从中选择 "AR-SAND" 填充图案。设置【图案填充比例】为 1。单击【拾取点】按钮 ▨，依次在将要填充图案的封闭图形内部单击，最后单击【关闭图案填充创建】按钮。"AR-SAND" 填充类型图案填充效果如图 6-24 所示。

图 6-23　【图案填充创建】选项卡

② 单击【绘图】面板中的图案填充命令按钮 ▨，弹出【图案填充创建】选项卡。单击【图案填充创建】选项卡【图案】面板右下角的下三角按钮 ▾，从中选择 "AR-CONC" 填充图案。设置【图案填充比例】为 1。单击【拾取点】按钮 ▨，依次在将要填充图案的封闭图形内部单击，最后单击【关闭图案填充创建】按钮。"AR-CONC" 填充类型图案填充效果如图 6-25 所示。

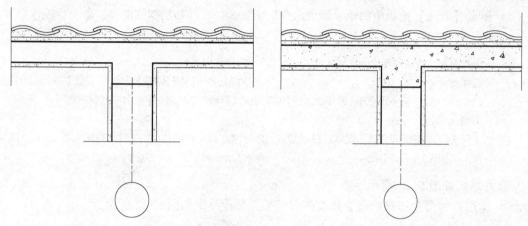

图 6-24 "AR-SAND"填充类型图案填充效果   图 6-25 "AR-CONC"填充类型图案填充效果

③ 同样，单击【绘图】面板中的图案填充命令按钮，弹出【图案填充创建】选项卡。单击【图案填充创建】选项卡【图案】面板右下角的下三角按钮，从中选择"ANSI31"填充图案。设置【图案填充比例】为 15。单击【拾取点】按钮，依次在将要填充图案的封闭图形内部单击，单击【关闭图案填充创建】按钮。"ANSI31"填充类型图案填充效果如图 6-26 所示。

（10）运用直线命令和阵列命令等绘制直线，结果如图 6-27 所示。每两行直线的间距为 100。

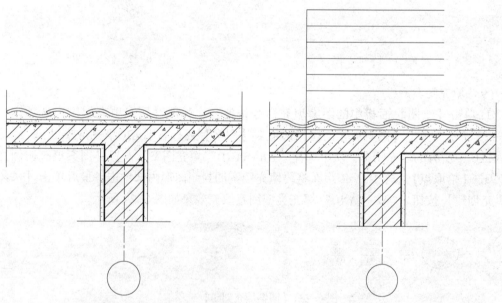

图 6-26 "ANSI31"填充类型图案填充效果   图 6-27 直线绘制结果

（11）创建单行文字。

单击【注释】面板中多行文字命令 A 下侧的下三角按钮，选择单行文字命令 A 单行文字，命令行提示如下：

命令：_text
当前文字样式："Standard"   文字高度：2.5000   注释性:否   对正:左

指定文字的起点或[对正(J)/样式(S)]：	//在直线上合适位置处单击
指定高度 <2.5000>:60	//输入文字高度 60 并回车
指定文字的旋转角度 <0>：	//回车,取默认的旋转角度 0

此时，绘图区将进入文字编辑状态，输入文字"红泥瓦"，回车换行，再一次回车结束命令即可。

结果如图 6-28 所示。

（12）阵列复制并修改文字内容。

① 单击【修改】面板中的矩形阵列命令按钮 阵列 ▾ ，阵列复制文字内容"红泥瓦"，命令行操作如下：

命令：_arrayrect
选择对象：找到 1 个　　　　　　　//选择文字"红泥瓦"（见图 6-28）
选择对象：　　　　　　　　　　　//回车,弹出【阵列创建】选项卡,设置【行】面板中的
　　//"行数"为 5,"介于"为 -100,设置【列】面板中的"列数"为 1,单击【关闭阵列】按钮
类型 = 矩形　关联 = 是
选择夹点以编辑阵列或 [关联(AS)/基点(B)/计数(COU)/间距(S)/列数(COL)/行数(R)/层数
(L)/退出(X)] <退出>：　　　　　　//显示阵列结果

结果如图 6-29 所示。

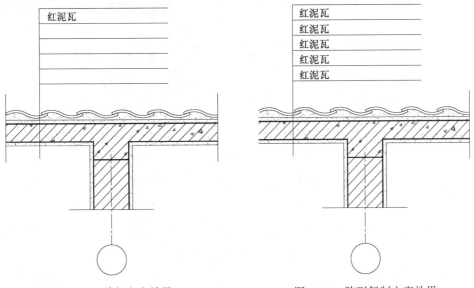

图 6-28　单行文字效果　　　　　　　　图 6-29　阵列复制文字效果

② 选择菜单栏中的【修改】|【对象】|【文字】|【编辑】命令，依次选择需要修改内容的单行文字，进入文字编辑状态，修改文字内容，结果如图 6-30 所示。

③ 运用直线命令和修剪命令绘制折断线，结果如图 6-8 所示。

　　任务小结：使用单行文字命令可以创建一个或多个单行文本，每一个单行文本是一个独立的对象，可以单独地修改文本样式、高度、旋转角度和对齐方式等。在命令行输入 DDEDIT 或 ED，可以对单行文字或多行文字的内容进行编辑。

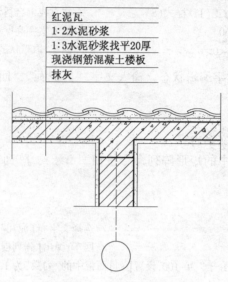

图6-30　修改文字效果

任务6.5　绘制图纸目录表格

本任务以图纸目录表格为例，讲解表格样式的创建方法，以及表格的创建与编辑等。绘制结果如图6-31所示。

序　号	图　别	图　号	图　名
1	首页	1	图纸目录 门窗统计表
2	首页	2	设计总说明
3	建施	3	一层平面图
4	建施	4	二至六层平面图
5	结施	5	结构图
6	水施	6	水暖图
7	电施	7	电气图

图6-31　图纸目录表格

步骤如下。

（1）新建表格样式。

单击【注释】面板中的表格样式按钮⬚，弹出【表格样式】对话框。单击【新建】按钮，弹出【创建新的表格样式】对话框，在【新样式名】文本框中输入"表格样式1"，如图6-32所示，单击【继续】按钮，进入【新建表格样式：表格样式1】对话框，如图6-33所示。设置【常规】选项区域中表格方向为"向下"。选择【单元样式】选项区域中的【数据】选项，设置【常规】选项卡中的对齐方式为"正中"，类型为"标签"（见图6-33）。单击格式后的⬚，弹出【表格单元格式】对话框，设置数据类型为【文字】，如图6-34所示，单击【确定】按钮。激活【文字】选项卡，将【文字样式】设置为"汉字"样式，【文字高度】设置为 30，如图 6-35 所示。

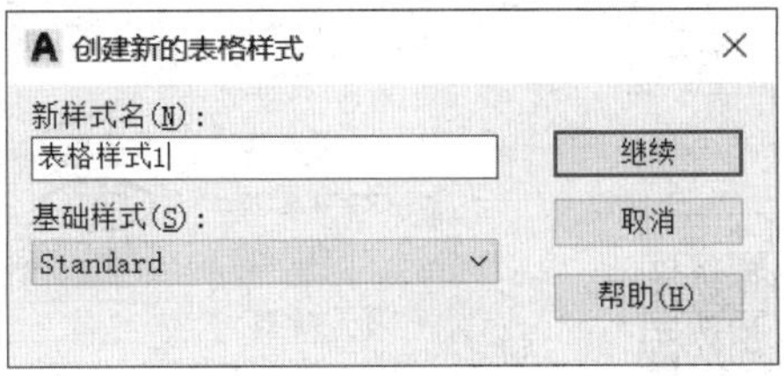

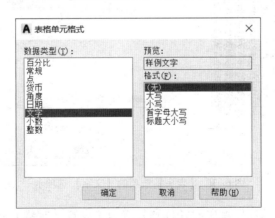

图 6-32　【创建新的表格样式】对话框

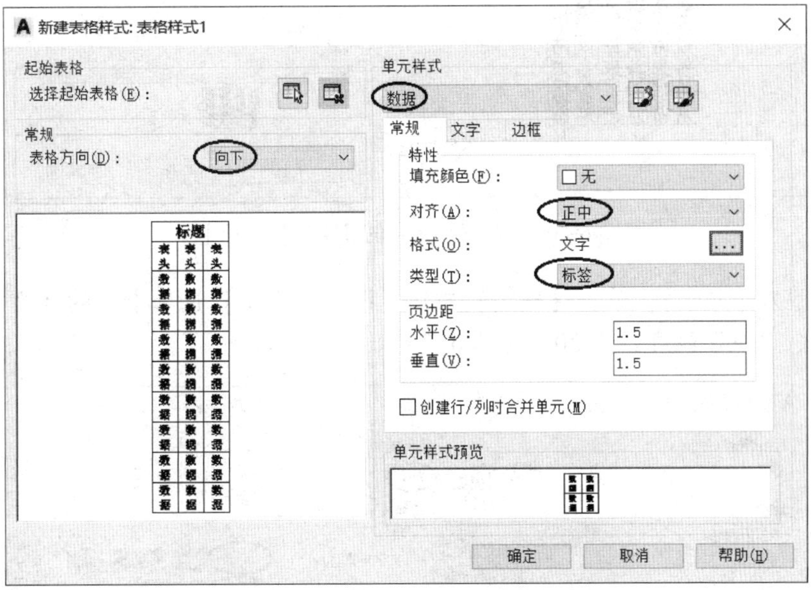

图 6-33　【新建表格样式：表格样式 1】对话框

图 6-34　【表格单元格式】对话框

同样，选择【单元样式】选项区域中的【表头】选项，设置【常规】选项卡中的对齐方式为"正中"，类型为"标签"。单击格式后的 [...] 按钮，弹出【表格单元格式】对话框，

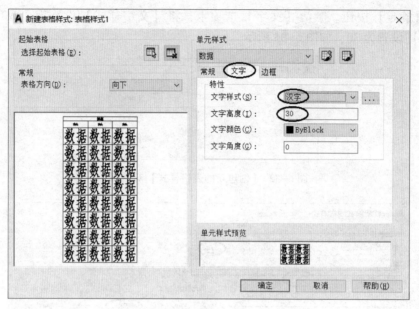

图 6-35 【数据】选项的【文字】选项卡

设置数据类型为【文字】，单击【确定】按钮。设置【文字】选项卡中的【文字样式】为"汉字"样式，【文字高度】为 30（见图 6-36）。

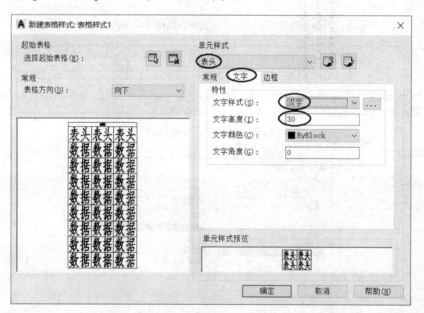

图 6-36 【表头】选项的【文字】选项卡

选择【单元样式】选项区域中的【标题】选项，设置【常规】选项卡中的对齐方式为"正中"，类型为"标签"。单击格式后的□□按钮，弹出【表格单元格式】对话框，设置数据类型为【文字】，单击【确定】按钮。设置【文字】选项卡中的【文字样式】为"汉字"样式，【文字高度】为 30（见图 6-37）。

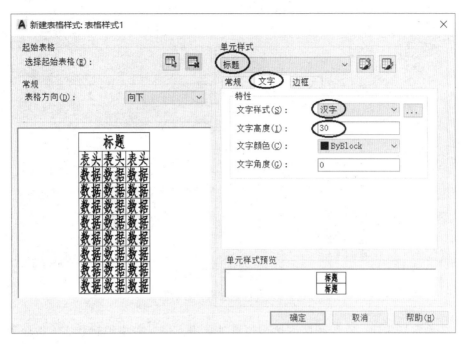

图 6-37 【标题】选项的【文字】选项卡

单击【确定】按钮，返回【表格样式】对话框，如图 6-38 所示。从【样式】列表框中选择"表格样式 1"，单击【置为当前】按钮，将该表格样式置为当前样式。单击【关闭】按钮。

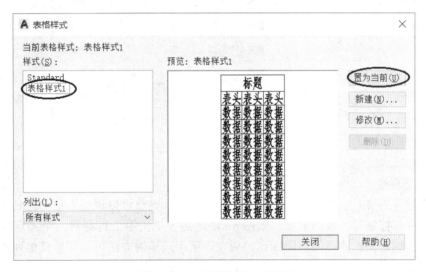

图 6-38 【表格样式】对话框

（2）绘制表格。

单击【注释】面板中的表格命令按钮 ⊞ 表格，弹出【插入表格】对话框。设置列数为 4，列宽为 300，数据行数为 6，行高为 2，【第一行单元样式】下拉列表框选择"表头"，【第二行单元样式】下拉列表框选择"数据"，【所有其他行单元样式】选择"数据"，如图 6-39 所示。

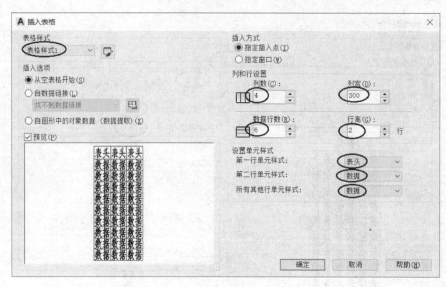

图 6-39　【插入表格】对话框

单击【确定】按钮，在绘图区内适当位置处单击，进入表格编辑状态，按照表格内容输入文字，单击【确定】按钮即可，结果如图 6-40 所示。

序　号	图　别	图　号	图　名
1	首页	1	图纸目录 门窗统计表
2	首页	2	设计总说明
3	建施	3	一层平面图
4	建施	4	二至六层平面图
5	结施	5	结构图
6	水施	6	水暖图
7	电施	7	电气图

图 6-40　输入表格内容

（3）调整表格。

当选中整个表格时，会出现许多蓝色的夹点，拖动夹点可以调整表格的行高和列宽。第二行的夹点可以控制每一列的宽度。如图 6-41 所示，单击第二行最后一个夹点，使其变成红色的热点，拖动鼠标即可调整第四列的列宽。采用同样的方法可以调整其他列的列宽，调整后的结果如图 6-31 所示。

注意：若选中整个表格并右击，会弹出可对整个表格进行编辑的快捷菜单，如图 6-42 所示，利用这些命令可以对整个表格进行复制、粘贴、均匀调整行大小及列大小等操作。当选中并右击某个或某几个表格单元时，可弹出如图 6-43 所示的快捷菜单，从而可以进行插入行或列、删除行或列、删除单元内容、合并及拆分单元等操作。

序　号	图　别	图　号	图　名
1	首页	1	图纸目录 门窗统计表
2	首页	2	设计总说明
3	建施	3	一层平面图
4	建施	4	二至六层平面图
5	结施	5	结构图
6	水施	6	水暖图
7	电施	7	电气图

图 6-41　调整表格宽度

图 6-42　可编辑整个表格的快捷菜单

图 6-43　单元表格编辑快捷菜单

任务小结：本任务讲解了表格及表格样式的使用方法。系统默认的"Standard"表格样式中的数据采用"Standard"文字样式，该文字样式默认的字体为"宋体"，可将字体修改成"仿宋"字体。

思考与练习

1. 思考题。

(1) 单行文字命令和多行文字命令有什么区别？各适用于什么情况？

(2) 如何创建新的文字样式？

(3) 如何创建新的表格样式？

(4) 表格中的单元格能否合并？如何操作？

(5) 如何创建新的表格？

2. 将左侧的命令与右侧的功能连接起来。

TEXT	创建多行文字
MTEXT	创建表格对象
STYLE	编辑文字内容
DDEDIT	创建单行文字
TABLE	创建文字样式

3. 选择题。

(1) 以下（　　）命令是多行文字命令。

A. TEXT　　　　　B. MTEXT　　　　　C. TABLE　　　　　D. STYLE

(2) 以下（　　）控制符表示正负公差符号。

A. %%P　　　　　B. %%D　　　　　C. %%C　　　　　D. %%U

(3) 表格样式中的"标题"（　　）设置在表格的下方。

A. 可以　　　　　B. 不可以

(4) 系统默认的 Standard 文字样式采用的字体是（　　）。

A. Simplex. shx　　B. 仿宋　　　　　C. Arial　　　　　D. 宋体

(5) 对于 TEXT 命令，下面描述正确的是（　　）。

A. 只能用于创建单行文字

B. 可创建多行文字，每一行为一个对象

C. 可创建多行文字，所有多行文字为一个对象

D. 可创建多行文字，但所有行必须采用相同的样式和颜色

4. 创建"数字"文字样式，要求其字体为"Simplex. shx"，宽度因子为 0.7。

5. 用 MTEXT 命令标注以下文字，要求字体采用"仿宋"，字高为 50，字体的宽度因子为 0.7。

设计要求：

① 主梁上有次梁或有楼梯梁等集中荷载时，在主梁上按国标 16G101 的要求设置附加箍筋或吊筋，图中未注明时除主梁原配箍筋外，每侧另附加 3 排箍筋；

② 图中未注明的板厚为 100 mm，分布钢筋均为 φ6@ 200；

③ 后砌填充墙与柱拉结采用预埋铁件做法，预埋件应参照建筑平面图墙体布置准确留出，预埋件应与柱纵筋绑扎牢固；

④ 未说明事项均按有关规范执行。

6. 创建如图 6-44 所示的门窗统计表格。要求字体采用"仿宋"，字高为 30，字体的宽度因子为 0.7，其他参数自定。

门窗统计表			
序　号	设计编号	规　格	数
1	M-1	1300×2000	10
2	M-2	1000×2100	25
3	C-3	1800×1800	42
4	C-4	1800×1700	50

图 6-44　门窗统计表

项目7 工程标注

工程标注是工程图纸的重要组成部分，它可以反映图纸的设计尺寸，准确地表达图纸的设计意图。工程标注包括线性标注、对齐标注、半径标注、直径标注、引线标注、坐标标注等。

任务7.1 标注菜单和标注工具栏

AutoCAD 2024 的标注命令和标注编辑命令都集中在如图 7-1 所示的【标注】菜单和如图 7-2 所示的【标注】工具栏中。利用这些标注命令可以方便地进行各种尺寸标注。

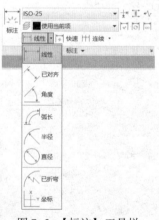

图 7-1 【标注】菜单   图 7-2 【标注】工具栏

任务7.2 创建"建筑"标注样式

本任务以"建筑"标注样式的创建为例讲解标注样式的创建过程，步骤如下。

（1）设置"数字"文字样式。

激活【默认】选项卡。单击【注释】面板中的文字样式命令按钮 ，弹出【文字样式】对话框。新建"数字"文字样式，设置其字体为"Simplex. shx"，宽度因子为 0.7。将

"数字" 文字样式置为当前样式。

（2）新建"建筑"标注样式。

① 选择下拉菜单栏中的【标注】|【标注样式】命令，也可以单击【注释】面板中的 按钮，或者在命令行输入 DIMSTYLE 或 d，将弹出【标注样式管理器】对话框，如图 7-3 所示。

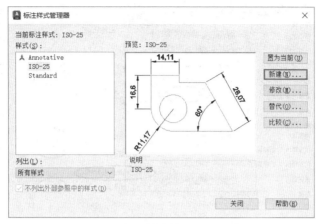

图 7-3　【标注样式管理器】对话框

注意：在【样式】列表框中列出了当前文件所设置的所有标注样式，【预览】显示框用来显示【样式】列表框中所选的尺寸标注样式。【置为当前】按钮可以用来将【样式】列表框中所选的尺寸标注样式设置为当前样式，【新建】按钮可用来新建尺寸标注样式，【修改】按钮可用来修改当前选中的尺寸标注样式。

② 单击【新建】按钮，弹出【创建新标注样式】对话框，选择【基础样式】为"ISO-25"，在【新样式名】文本框中输入"建筑"样式名，如图 7-4 所示。

注意：在【基础样式】下拉列表框中可以选择新建标注样式的模板，新建的标注样式将在基础样式的基础上进行修改。

图 7-4　【创建新标注样式】对话框

③ 单击【继续】按钮，将弹出【新建标注样式：建筑】对话框，单击【线】选项卡，将【尺寸线】选项区域中的【基线间距】设为 8，将【尺寸界线】选项区域中的【超出尺寸线】设为 2，将【起点偏移量】设为 2，选中【固定长度的尺寸界线】复选框，并设长度为 8，如图 7-5 所示。

注意：【新建标注样式：建筑】对话框包含【线】【符号和箭头】【文字】【调整】【主单位】【换算单位】【公差】七个选项卡，各选项卡的功能及作用如下。

- 【线】选项卡：用来设置尺寸线及尺寸界线的格式和位置。
- 【符号和箭头】选项卡：用来设置箭头及圆心标记的样式和大小、弧长符号的样式、半径折弯角度等参数。
- 【文字】选项卡：用来设置文字的外观、位置、对齐方式等参数。
- 【调整】选项卡：用来设置标注特征比例、文字位置等，还可以用来根据尺寸界线的距离设置文字和箭头的位置。

- 【主单位】选项卡：用来设置主单位的格式和精度。
- 【换算单位】选项卡：用来设置换算单位的格式和精度。
- 【公差】选项卡：用来设置公差的格式和精度。

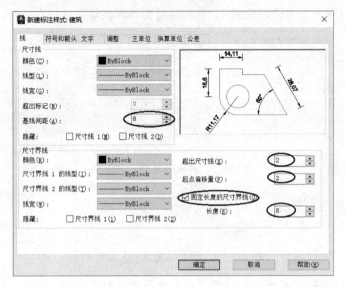

图 7-5　【新建标注样式：建筑】对话框

④ 单击【符号和箭头】选项卡，在【箭头】选项区域中，将箭头的格式设置为"建筑标记"，将【箭头大小】设为 1.5，如图 7-6 所示。

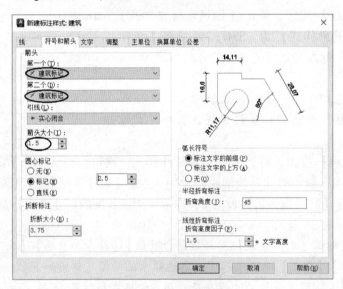

图 7-6　【符号和箭头】选项卡

⑤ 单击【文字】选项卡，在【文字外观】选项区域中，从【文字样式】下拉列表框中选择"数字"文字样式，【文字高度】文本框设置为 3，如图 7-7 所示。

⑥ 单击【调整】选项卡，在【文字位置】选项区域中，选择【尺寸线上方，不带引线】单选按钮，如图 7-8 所示。

注意：在实际绘图时，需要根据比例调整全局比例。例如：以 1:1 比例绘图、1:100 的比例出图，可将【标注特征比例】选项区域的【使用全局比例】设为 100，使得打印出的尺寸标注中的各项值等于【标注样式管理器】对话框中的对应值乘以 100。

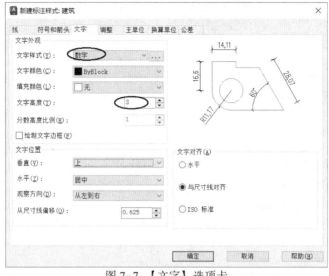

图 7-7 【文字】选项卡

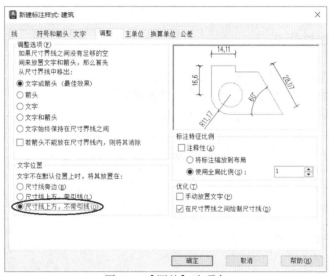

图 7-8 【调整】选项卡

⑦ 单击【主单位】选项卡，将【线性标注】选项区域的【单位格式】设为"小数"，【精度】设为"0"，如图 7-9 所示。

⑧ 单击【确定】按钮，回到【标注样式管理器】对话框，在【样式】列表框中选择"建筑"标注样式，单击【置为当前】按钮，将当前样式设置为"建筑"标注样式，单击【关闭】按钮，完成"建筑"标注样式的设置。

> **任务小结**：本任务主要介绍绘制工程图纸时常用的"建筑"标注样式的设置方法，实际标注时可根据具体情况稍加修改。

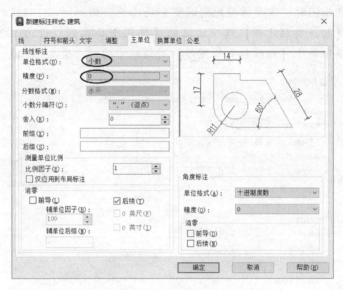

图 7-9　【主单位】选项卡

任务 7.3　常用标注命令及功能

子任务 7.3.1　线性标注

线性标注命令可以用来创建水平尺寸、垂直尺寸及旋转型尺寸标注。

例 1：标注如图 7-10 所示的矩形尺寸，步骤如下。

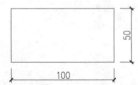

图 7-10　线性标注结果

（1）激活【默认】选项卡。

单击【注释】面板中的标注样式按钮 ✍，弹出【标注样式管理器】对话框，选择"建筑"标注样式，单击【修改】按钮，弹出【修改标注样式：建筑】对话框。单击【调整】选项卡，在【标注特征比例】选项区域中，将"使用全局比例"设为 2，如图 7-11 所示。单击【确定】按钮，返回【标注样式管理器】对话框。再依次单击【置为当前】按钮和【关闭】按钮。

（2）标注水平尺寸。

激活【注释】选项卡，单击【标注】面板中的线性命令按钮 ⊢，命令行提示如下：

命令：_dimlinear
指定第一个尺寸界线原点或<选择对象>：　　//捕捉矩形的左下角点
指定第二条尺寸界线原点：　　　　　　　　//捕捉矩形的右下角点
指定尺寸线位置或
[多行文字(M)/文字(T)/角度(A)/水平(H)/垂直(V)/旋转(R)]：
　　　　　　　　　　　　　　//在适当位置处单击以确定尺寸线的位置
标注文字=100　　　　　　　　　　　　//显示标注尺寸值

图 7-11　将"使用全局比例"设置为 2

（3）标注垂直尺寸。

命令：　　　　　　　　　　　　　　　　　//回车,输入上一次线性标注命令
DIMLINEAR
指定第一个尺寸界线原点或<选择对象>：　　//捕捉矩形的右下角点
指定第二条尺寸界线原点：　　　　　　　　//捕捉矩形的右上角点
指定尺寸线位置或
［多行文字（M）/文字（T）/角度（A）/水平（H）/垂直（V）/旋转（R）］：
　　　　　　　　　　　　　　　　　　　//在适当位置处单击以确定尺寸线的位置
标注文字=50　　　　　　　　　　　　　//显示标注尺寸值

子任务 7.3.2　对齐标注

对齐标注命令的尺寸线与被标注对象的边保持平行。

例 2：标注如图 7-12 所示的边长为 50 的等边三角形的斜边，步骤如下。

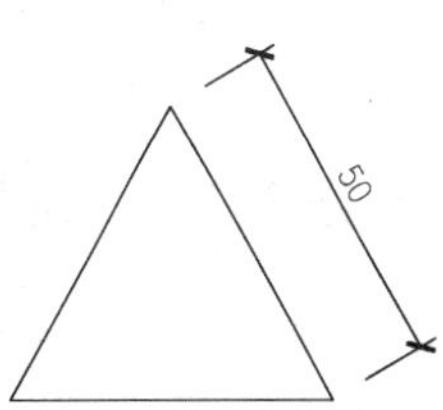

（1）设置"建筑"标注样式为当前尺寸标注样式。修改"建筑"标注样式的"使用全局比例"为 2。

（2）单击【标注】面板中 ├┤ **线性** ▾ 按钮右侧的下三角按钮，选择对齐命令按钮 ⌐⌐ 对齐，命令行提示如下：

图 7-12　对齐标注结果

命令：_dimaligned
指定第一个尺寸界线原点或<选择对象>：　　//捕捉三角形的右下端点
指定第二条尺寸界线原点：　　　　　　　　//捕捉三角形的上端点
指定尺寸线位置或
［多行文字（M）/文字（T）/角度（A）］：　　//在适当位置处单击
标注文字=50　　　　　　　　　　　　　//显示尺寸标注的值

子任务 7.3.3　半径标注

半径标注命令可以用来标注圆或圆弧的半径。

例 3：标注如图 7-13 所示的圆的半径，步骤如下。

（1）设置系统默认的 "ISO-25" 标注样式为当前尺寸标注样式。修改 "ISO-25" 标注样式的 "使用全局比例" 为 2。

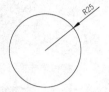

（2）单击【标注】面板中┝┤ **线性** ▾按钮右侧的下三角按钮，选择半径命令按钮╱ 半径，命令行提示如下：

图 7-13　半径标注结果

```
命令:_dimradius
选择圆弧或圆：                                    //选择圆
标注文字 = 25
指定尺寸线位置或［多行文字（M）/文字（T）/角度（A）］：//在适当位置处单击
```

子任务 7.3.4　直径标注

直径标注命令可以用来标注圆或圆弧的直径。

例 4：标注如图 7-14 所示的圆的直径，步骤如下。

（1）设置系统默认的 "ISO-25" 标注样式为当前尺寸标注样式。修改 "ISO-25" 标注样式的 "使用全局比例" 为 2。

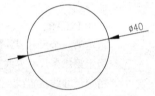

（2）单击【标注】面板中┝┤ **线性** ▾按钮右侧的下三角按钮，选择直径命令按钮◯ 直径，命令行提示如下：

图 7-14　直径标注结果

```
命令:_dimdiameter
选择圆弧或圆：                                    //选择圆
标注文字 = 40
指定尺寸线位置或［多行文字（M）/文字（T）/角度（A）］：//在适当位置处单击
```

子任务 7.3.5　角度标注

角度标注命令可以用来标注圆弧或两条直线的角度。

例 5：标注如图 7-15 所示的圆弧的角度，步骤如下。

（1）设置系统默认的 "ISO-25" 标注样式为当前尺寸标注样式。

（2）单击【标注】面板中┝┤ **线性** ▾按钮右侧的下三角按钮，选择角度命令按钮△ 角度，命令行提示如下：

```
命令:_dimangular
选择圆弧、圆、直线或<指定顶点>：                              //选择圆弧
指定标注弧线位置或［多行文字（M）/文字（T）/角度（A）/象限点（Q）］：//在适当位置处单击
标注文字 = 120                                           //显示标注结果
```

例 6：标注如图 7-16 所示的两条直线的角度，步骤如下。

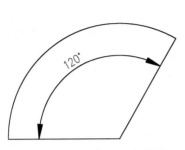

图 7-15　圆弧角度标注结果

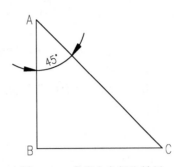

图 7-16　直线夹角标注结果

（1）设置系统默认的"ISO-25"标注样式为当前尺寸标注样式。

（2）单击【标注】面板中┠┤ **线性** ▾按钮右侧的下三角按钮，选择角度命令按钮△ 角度，命令行提示如下：

> 命令：_dimangular
> 选择圆弧、圆、直线或<指定顶点>：　　　　　　//选择直线 AB（见图 7-16）
> 选择第二条直线：　　　　　　　　　　　　　//选择直线 AC（见图 7-16）
> 指定标注弧线位置或［多行文字（M）/文字（T）/角度（A）/象限点（Q）］：
> 　　　　　　　　　　　　　　　　　　　　//在适当位置处单击
> 标注文字 = 45　　　　　　　　　　　　　　//显示标注结果

子任务 7.3.6　基线标注

基线标注命令可以用来创建一系列由相同的标注原点测量出来的标注。各个尺寸标注具有相同的第一条尺寸界线。在使用基线标注命令前，必须先创建一个线性标注、角度标注或坐标标注作为基准标注。

例 7：标注如图 7-17 所示的基线尺寸标注，步骤如下。

（1）设置"建筑"标注样式为当前尺寸标注样式。

（2）线性标注。

单击【注释】选项卡【标注】面板中的线性命令按钮┠┤，命令行提示如下：

> 命令：_dimlinear
> 指定第一个尺寸界线原点或<选择对象>：　　　　//捕捉 A 点（见图 7-17）
> 指定第二条尺寸界线原点：　　　　　　　　　//捕捉 B 点（见图 7-17）
> 指定尺寸线位置或
> ［多行文字（M）/文字（T）/角度（A）/水平（H）/垂直（V）/旋转（R）］：//在适当位置处单击
> 标注文字 = 30　　　　　　　　　　　　　　//显示标注结果

（3）基线标注。

单击【标注】面板中连续命令按钮┠┼┼ **连续** ▾右侧的下三角按钮，选择基线命令按钮┠┬ **基线**，命令行提示如下：

命令：_dimbaseline

指定第二个尺寸界线原点或［选择(S)/放弃(U)］<选择>：　　//捕捉 C 点(见图 7-17)

标注文字 = 60

指定第二个尺寸界线原点或［选择(S)/放弃(U)］<选择>：　　//捕捉 D 点(见图 7-17)

标注文字 = 90

指定第二个尺寸界线原点或［选择(S)/放弃(U)］<选择>：　　//回车

选择基准标注：　　//回车

绘制结果如图 7-17 所示。

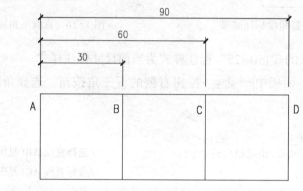

图 7-17　基线标注结果

注意：① 基线标注命令各选项含义如下。

● 放弃（U）：表示取消前一次基线标注尺寸。

● 选择（S）：该选项可以用来重新选择基线标注的基准标注。

② 各个基线标注尺寸的尺寸线之间的间距可以在如图 7-5 所示的尺寸标注样式中设置，在【线】选项卡的【尺寸线】选项区域中，【基线间距】的值即为基线标注各尺寸线之间的间距值。

子任务 7.3.7　连续标注

连续标注命令可以用来创建一系列端对端的尺寸标注，后一个尺寸标注把前一个尺寸标注的第二个尺寸界线作为它的第一个尺寸界线。与基线标注命令一样，在使用连续标注命令前，也得先创建一个线性标注、角度标注或坐标标注作为基准标注。

例 8：标注如图 7-18 所示的连续尺寸标注，步骤如下。

（1）设置"建筑"标注样式为当前尺寸标注样式。

（2）运用线性标注命令标注图 7-18 中的 A 点和 B 点之间的尺寸，两条尺寸界线原点分别为 A 点和 B 点，标注文字为 30。

（3）连续标注。

单击【标注】面板中的连续命令按钮├┼┼ 连续 ▾，命令行提示如下：

命令：_dimcontinue

指定第二个尺寸界线原点或［选择(S)/放弃(U)］<选择>：　　//捕捉 C 点(见图 7-18)

标注文字 = 30

指定第二个尺寸界线原点或［选择(S)/放弃(U)］<选择>：　　　//捕捉 D 点(见图 7-18)
标注文字 = 30
指定第二个尺寸界线原点或［选择(S)/放弃(U)］<选择>：　　　//回车
选择连续标注：　　　　　　　　　　　　　　　　　　　//回车

绘制结果如图 7-18 所示。

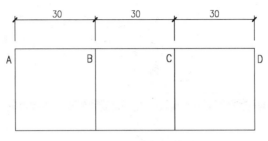

图 7-18　连续标注结果

任务 7.4　绘制并标注轴网图

本任务以轴网图为例，讲解线性标注、连续标注等标注命令的使用方法。本任务用到的命令有直线命令、矩形命令、复制命令、偏移命令和镜像命令等，绘制结果如图 7-19 所示。

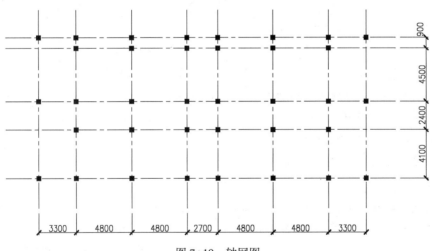

图 7-19　轴网图

步骤如下。

(1) 设置图形界限。

选择下拉菜单栏中的【格式】|【图形界限】命令，根据命令行提示指定左下角点为坐标原点，右上角点为 "38000,38000"。

在命令行中输入 ZOOM 命令，回车后选择【全部（A）】选项，显示图形界限。

(2) 加载点画线 "CENTER2" 线型。

① 选择下拉菜单栏中的【格式】|【线型】命令，弹出【线型管理器】对话框。

② 单击【加载】按钮,弹出【加载或重载线型】对话框,从【可用线型】列表框中选择"CENTER2"线型,单击【确定】按钮,返回【线型管理器】对话框。从该对话框的列表中选择"CENTER2"线型,并单击【当前】按钮,即可将当前线型设置为 CENTER2 线型。将【全局比例因子】设为 100。【线型管理器】对话框如图 7-20 所示。

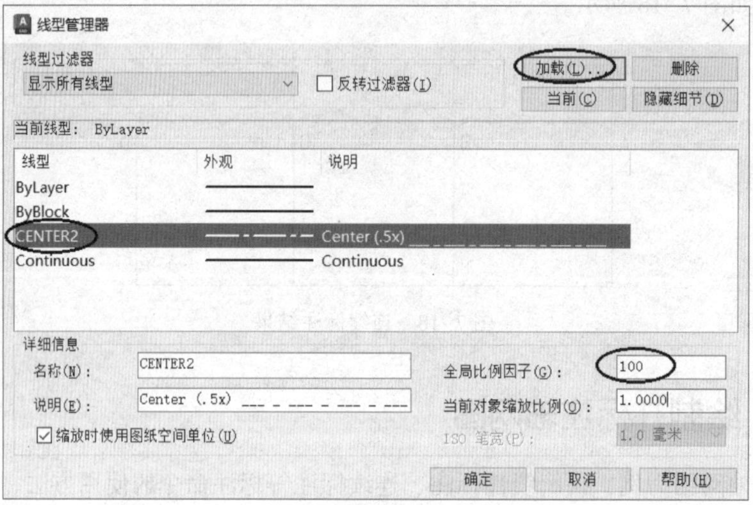

图 7-20　【线型管理器】对话框

(3) 绘制纵轴。

① 运用直线命令绘制Ⓐ轴。

单击【绘图】面板中的直线命令按钮╱,命令行提示如下:

```
命令:_line 指定第一个点:                //在绘图区内适当一点处单击
指定下一点或 [放弃(U)]:34000            //沿水平向右的极轴方向输入轴线长度 34000 并回车
指定下一点或 [放弃(U)]:                //回车,结束命令
```

② 运用偏移命令复制其他纵轴。

单击【修改】面板中的偏移命令按钮◰,命令行提示如下:

```
命令:_offset
当前设置:删除源=否　图层=源　OFFSETGAPTYPE=0
指定偏移距离或 [通过(T)/删除(E)/图层(L)]<30.0000>:4100
                                      //输入两条轴线之间的间距 4100 并回车
选择要偏移的对象,或 [退出(E)/放弃(U)]<退出>: //选择Ⓐ轴
指定要偏移的那一侧上的点,或 [退出(E)/多个(M)/放弃(U)]<退出>:
                                      //在Ⓐ轴的上侧单击以确定上侧偏移
选择要偏移的对象,或 [退出(E)/放弃(U)]<退出>: //回车,结束命令
命令:                                  //回车,输入上一次的偏移命令
OFFSET
当前设置:删除源=否　图层=源　OFFSETGAPTYPE=0
指定偏移距离或 [通过(T)/删除(E)/图层(L)]<4100.0000>:　2400
                                      //输入偏移距离 2400 并回车
```

选择要偏移的对象,或［退出(E)/放弃(U)］<退出>:
                                                    //选择Ⓑ轴
指定要偏移的那一侧上的点,或［退出(E)/多个(M)/放弃(U)］<退出>:
                                                    //在Ⓑ轴的上侧单击以确定上侧偏移
选择要偏移的对象,或［退出(E)/放弃(U)］<退出>: //回车,结束命令

同样,用偏移命令可以复制出其他纵轴,间距依次为4500、900,绘制结果如图 7-21 所示。

图 7-21　纵轴绘制结果

（4）绘制横轴。

① 运用直线命令绘制①轴。

命令:_line 指定第一点: //在适当位置处单击确定①轴的一个端点
指定下一点或［放弃(U)］:   //在适当位置处单击确定①轴的另一个端点
指定下一点或［放弃(U)］:   //回车,结束命令

绘制结果如图 7-22 所示。

图 7-22　第一条横轴绘制结果

② 运用偏移命令绘制其他的横轴。

单击【修改】面板中的偏移命令按钮▤,命令行提示如下:

命令:_offset
当前设置:删除源=否　图层=源　OFFSETGAPTYPE=0

指定偏移距离或［通过(T)/删除(E)/图层(L)］<900.0000>：3300

　　　　　　　　　　　　　　　　　　　　　//输入偏移距离3300并回车

选择要偏移的对象，或［退出(E)/放弃(U)］<退出>：　//选择①轴

指定要偏移的那一侧上的点，或［退出(E)/多个(M)/放弃(U)］<退出>：

　　　　　　　　　　　　　　　　//在①轴的右侧单击以确定右侧偏移

选择要偏移的对象，或［退出(E)/放弃(U)］<退出>：　//回车,结束命令

　　同样，利用偏移命令可以复制其他横轴，其间距依次为 4800、4800、2700、4800、4800、3300。绘制结果如图 7-23 所示。

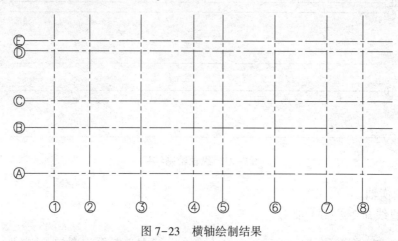

图 7-23　横轴绘制结果

　　(5) 绘制柱子。

　　① 绘制矩形。

　　单击【特性】面板中线型按钮右侧的下拉按钮，选择 ——————— Continuous 实线线型为当前线型。

　　单击【绘图】面板中的矩形命令按钮□，命令行提示如下：

命令:_rectang

指定第一个角点或［倒角(C)/标高(E)/圆角(F)/厚度(T)/宽度(W)］：　//在适当一点处单击

指定另一个角点或［面积(A)/尺寸(D)/旋转(R)］:d　　//输入d并回车,选择【尺寸(D)】选项

指定矩形的长度<50.0000>:370　　　　　　　　　//输入矩形长度370并回车

指定矩形的宽度<50.0000>:370　　　　　　　　　//输入矩形宽度370并回车

指定另一个角点或［面积(A)/尺寸(D)/旋转(R)］：　　//回车,结束命令

　　② 填充矩形。

　　在命令行中输入 solid 命令并回车后，命令行提示如下：

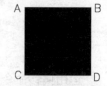

图 7-24　矩形填充结果

命令:solid

指定第一点：　　　　　　　　　　　//捕捉 A 点(见图 7-24)

指定第二点：　　　　　　　　　　　//捕捉 B 点

指定第三点：　　　　　　　　　　　//捕捉 C 点

指定第四点或<退出>：　　　　　　　//捕捉 D 点

指定第三点：　　　　　　　　　　　//回车,结束命令

③ 复制填充矩形。

单击【修改】面板中的复制命令按钮 ，命令行提示如下：

> 命令:_copy
> 选择对象:指定对角点:找到 2 个　　　//选择填充的矩形
> 选择对象:　　　　　　　　　　　　//回车，结束对象选择状态
> 当前设置：　复制模式=多个
> 指定基点或［位移(D)/模式(O)］<位移>:
> 　　　　　　　　　　　　//捕捉矩形的几何中心为基点(见图 7-25)
> 指定第二个点或［阵列(A)］<使用第一个点作为位移>:
> 　　　　　　　　　　　//捕捉①轴和Ⓐ轴的交点,复制填充矩形
> 指定第二个点或［阵列(A)/退出(E)/放弃(U)］<退出>:
> 　　　　　　　　　　　//捕捉①轴和Ⓒ轴的交点,复制填充矩形
> …

依次进行复制，绘制结果如图 7-26 所示。

图 7-25　填充矩形的基点位置

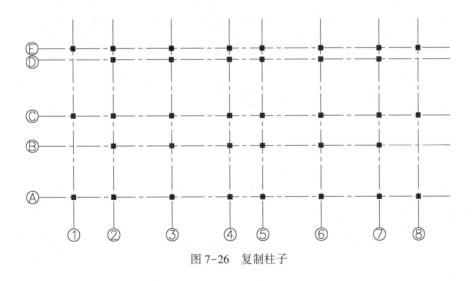

图 7-26　复制柱子

注意：在复制柱子时，可以先复制一组柱子，再把这组柱子复制到其他轴线上。比如，先把②轴上的四个柱子的位置找好，再整体复制这四个柱子。复制时以轴线的上端点为基点，被复制轴线的上端点为第二个点。

（6）新建"建筑"标注样式。

单击【默认】选项卡【注释】面板中的标注样式按钮，弹出【标注样式管理器】对话框。单击【新建】按钮，弹出【创建新标注样式】对话框。选择【基础样式】为"ISO-25"，在【新样式名】文本框中输入"建筑"样式名，单击【继续】按钮，将弹出【新建标注样式：建筑】对话框。单击【调整】选项卡，在【标注特性比例】选项区域中，将"使用全局比例"的值设为150，其他选项卡的设置同任务7.2。

（7）标注尺寸。

① 标注线性尺寸。

单击【注释】选项卡【标注】面板中的线性命令按钮，命令行提示如下：

命令：_dimlinear
指定第一个尺寸界线原点或<选择对象>：　　　　　//捕捉①轴线的下端点
指定第二条尺寸界线原点：　　　　　　　　　　//捕捉②轴线的下端点
指定尺寸线位置或
［多行文字(M)/文字(T)/角度(A)/水平(H)/垂直(V)/旋转(R)］：　//在适当位置处单击
标注文字 = 3300　　　　　　　　　　　//显示尺寸标注结果

绘制结果如图7-27所示。

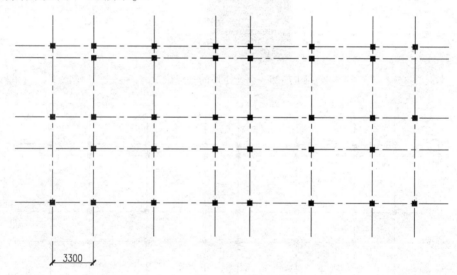

图7-27　线性尺寸标注结果

② 标注连续尺寸。

单击【标注】面板中的连续命令按钮，命令行提示如下：

命令：_dimcontinue
选择连续标注：
指定第二个尺寸界线原点或［选择(S)/放弃(U)］<选择>：　　//捕捉③轴线的下端点
标注文字 = 4800
指定第二个尺寸界线原点或［选择(S)/放弃(U)］<选择>：　　//捕捉④轴线的下端点
标注文字 = 4800

指定第二个尺寸界线原点或 [选择(S)/放弃(U)]<选择>： //捕捉⑤轴线的下端点

标注文字 = 2700

指定第二个尺寸界线原点或 [选择(S)/放弃(U)]<选择>： //捕捉⑥轴线的下端点

标注文字 = 4800

指定第二个尺寸界线原点或 [选择(S)/放弃(U)]<选择>： //捕捉⑦轴线的下端点

标注文字 = 4800

指定第二个尺寸界线原点或 [选择(S)/放弃(U)]<选择>： //捕捉⑧轴线的下端点

标注文字 = 3300

指定第二个尺寸界线原点或 [选择(S)/放弃(U)]<选择>： //回车

选择连续标注： //回车

标注结果如图 7-28 所示。

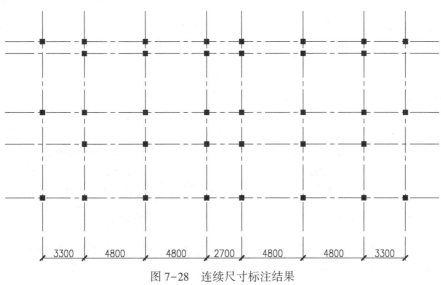

图 7-28 连续尺寸标注结果

注意：尺寸文字的位置可以运用夹点移动功能适当调整。

③ 标注其他尺寸。

同理，可以标注其他方向的尺寸，最终结果如图 7-19 所示。

任务小结：本任务通过实例讲解了线性标注命令和连续标注命令的使用方法。本任务中柱子的填充还可以运用填充命令完成。

任务 7.5 绘制并标注不锈钢水池平面图

本任务以不锈钢水池平面图为例，讲解各种标注命令的使用方法。本任务还用到特性、特性匹配等命令，绘制结果如图 7-29 所示。

步骤如下。

(1) 设置图形界限。

选择下拉菜单栏中的【格式】|【图形界限】命令，根据命令行提示指定左下角点为坐标原点，右上角点为 "1000,1000"。

在命令行中输入 ZOOM 命令，回车后选择【全部(A)】选项，显示图形界限。

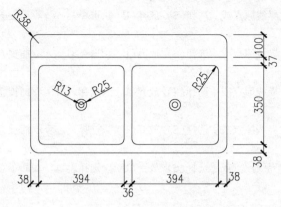

图 7-29　不锈钢水池平面图

（2）绘制水池外轮廓。

① 单击【绘图】面板中的矩形命令按钮▢，命令行提示如下：

命令：_rectang
指定第一个角点或 [倒角(C)/标高(E)/圆角(F)/厚度(T)/宽度(W)]：
　　　　　　　　　　　　//在绘图区内适当一点处单击，确定矩形的第一个角点
指定另一个角点或 [面积(A)/尺寸(D)/旋转(R)]：d　　//输入 d 并回车，选择【尺寸(D)】选项
指定矩形的长度<10.0000>：900　　　　//输入矩形长度 900 并回车
指定矩形的宽度<10.0000>：525　　　　//输入矩形宽度 525 并回车
指定另一个角点或 [面积(A)/尺寸(D)/旋转(R)]：　　//确定矩形方向

② 单击【绘图】面板中的直线命令按钮╱，命令行提示如下：

命令：_line 指定第一个点：100　　//在矩形左上角点垂直向下追踪距离为 100
指定下一点或 [放弃(U)]：　　　　//沿水平向右捕捉与矩形右端垂直线的交点
指定下一点或 [放弃(U)]：　　　　//回车，结束命令

绘制结果如图 7-30 所示。

（3）绘制水池内部结构。

① 单击【绘图】面板中的矩形命令按钮▢，命令行提示如下：

命令：_rectang
指定第一个角点或 [倒角(C)/标高(E)/圆角(F)/厚度(T)/宽度(W)]：f
　　　　　　　　　　　　//输入 f 并回车，选择【圆角(F)】选项
指定矩形的圆角半径<0.0000>：25　　　　//输入圆角半径 25 并回车
指定第一个角点或 [倒角(C)/标高(E)/圆角(F)/厚度(T)/宽度(W)]：_from 基点：<偏移>：@
38,38　　　　　　　　　　//按住 Shift 键并右击，弹出对象捕捉快捷
菜单选择【自】选项，捕捉 A 点作为基点，并输入相对坐标"@38,38"并回车
指定另一个角点或 [面积(A)/尺寸(D)/旋转(R)]：d　//输入 d 并回车，选择【尺寸(D)】选项
指定矩形的长度<900.0000>：394　　　　//输入矩形长度 394 并回车
指定矩形的宽度<525.0000>：350　　　　//输入矩形宽度 350 并回车
指定另一个角点或 [面积(A)/尺寸(D)/旋转(R)]：
　　　　　　　　　　　　//在 A 点右上方单击，确定矩形方向

绘制结果如图 7-31 所示。

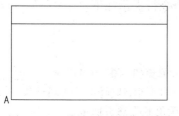

图 7-30 不锈钢水池外部轮廓

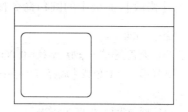

图 7-31 不锈钢水池内部矩形

② 单击【绘图】面板中圆命令按钮⚪下侧的下三角按钮圆，选择⚪ 圆心，半径 【圆心，半径】选项，命令行提示如下：

命令：_circle 指定圆的圆心或 ［三点(3P)/两点(2P)/ 切点、切点、半径(T)］：
          //捕捉小矩形的几何中心(见图 7-32)作为圆的圆心
指定圆的半径或 ［直径(D)］<2.5000>:25   //输入半径 25 并回车

再一次单击【绘图】面板中圆命令按钮⚪下侧的下三角按钮圆，选择⚪ 圆心，半径 【圆心，半径】选项，命令行提示如下：

命令：_circle 指定圆的圆心或 ［三点(3P)/两点(2P)/ 切点、切点、半径(T)］：
          //将光标移至圆心出现圆心捕捉提示，单击
指定圆的半径或 ［直径(D)］<210>:13   //输入半径 13 并回车

绘制结果如图 7-33 所示。

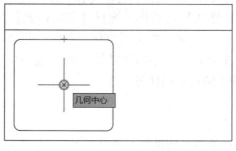

图 7-32 圆心位置

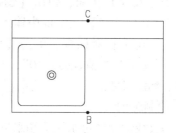

图 7-33 绘制同心圆

③ 镜像内部结构。

单击【修改】面板中的镜像命令按钮⚏，命令行提示如下：

命令：_mirror
选择对象：指定对角点：找到 3 个   //选择左半部分内部结构
选择对象：   //回车
指定镜像线的第一点：   //捕捉中点 B 作为镜像线的第一个点
指定镜像线的第二点：   //捕捉中点 C 作为镜像线的第二个点
要删除源对象吗？［是(Y)/否(N)］<否>：   //回车,不删除源对象

绘制结果如图 7-34 所示。

（4）修改外部形状。

单击【修改】面板中的圆角命令按钮 圆角 ·，命令行提示如下：

命令：_fillet
当前设置：模式＝修剪，半径＝0.0000
选择第一个对象或［放弃(U)/多段线(P)/半径(R)/修剪(T)/多个(M)］:r
　　　　　　　　　　　　　　//输入 r 并回车，选择【半径(R)】选项
指定圆角半径<0.0000>:38　　 //输入圆角半径 38 并回车
选择第一个对象或［放弃(U)/多段线(P)/半径(R)/修剪(T)/多个(M)］:p
　　　　　　　　　　　　　　//输入 p 并回车，选择【多段线(P)】选项
选择二维多段线：　　　　　　//选择外侧大矩形
4 条直线已被圆角　　　　　　//矩形四个直角被圆角

绘制结果如图 7-35 所示。

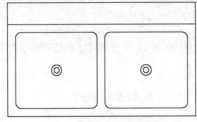 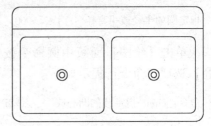

图 7-34　镜像内部结构　　　　　　　图 7-35　大矩形倒圆角

（5）新建"建筑"标注样式。

单击【默认】选项卡【注释】面板中的标注样式按钮 ，弹出【标注样式管理器】对话框。单击【新建】按钮，弹出【创建新标注样式】对话框。选择【基础样式】为"ISO-25"，在【新样式名】文本框中输入"建筑"样式名，单击【继续】按钮，将弹出【新建标注样式：建筑】对话框。单击【调整】选项卡，在【标注特性比例】选项区域中，将"使用全局比例"的值设为"10"，其他选项卡的设置同任务 7.2。

（6）标注尺寸。

① 绘制辅助线。

运用直线命令经过水池下端水平线绘制一条水平辅助线，结果如图 7-36 所示。

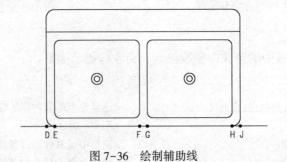

图 7-36　绘制辅助线

② 标注线性尺寸。

单击【注释】选项卡【标注】面板中的线性命令按钮 ，命令行提示如下：

命令：_dimlinear

指定第一个尺寸界线原点或<选择对象>：　　　　//捕捉大矩形端点与辅助线的交点 D

指定第二条尺寸界线原点：　　　　　　　　　　//捕捉小矩形端点与辅助线的交点 E

指定尺寸线位置或

［多行文字（M）/文字（T）/角度（A）/水平（H）/垂直（V）/旋转（R）］：　　//在适当位置处单击

标注文字=38　　　　　　　　　　　　　　　　//显示尺寸标注结果

标注结果如图 7-37 所示。

③ 标注连续尺寸。

单击【标注】面板中的连续命令按钮，命令行提示如下：

命令：_dimcontinue

选择连续标注：

指定第二个尺寸界线原点或［选择（S）/放弃（U）］<选择>：　　//捕捉交点 F

标注文字=394

指定第二个尺寸界线原点或［选择（S）/放弃（U）］<选择>：　　//捕捉交点 G

标注文字=36

指定第二个尺寸界线原点或［选择（S）/放弃（U）］<选择>：　　//捕捉交点 H

标注文字=394

指定第二个尺寸界线原点或［选择（S）/放弃（U）］<选择>：　　//捕捉交点 J

标注文字=38

指定第二个尺寸界线原点或［选择（S）/放弃（U）］<选择>：　　//回车

选择连续标注：　　　　　　　　　　　　　　　//回车

标注结果如图 7-38 所示。

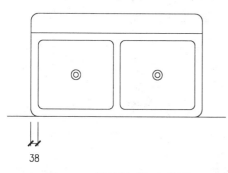

图 7-37　线性尺寸标注结果

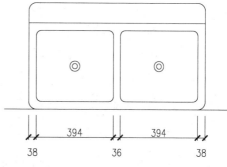

图 7-38　连续尺寸标注结果

④ 调整尺寸标注。

选择所有的尺寸标注。每一个尺寸标注有五个蓝色的夹点，可以分别调整尺寸界线的起点位置、尺寸线的位置和尺寸文字的位置。单击相应尺寸文字夹点，使其变成红色热点，分别调整位置，删除辅助线，结果如图 7-39 所示。

⑤ 标注其他尺寸。

同理，可以标注垂直方向尺寸，结果如图 7-40 所示。

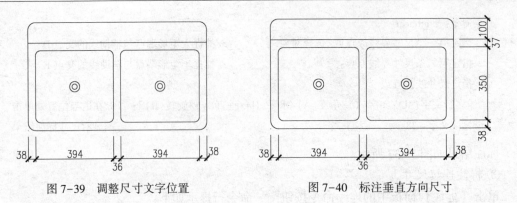

图 7-39   调整尺寸文字位置   图 7-40   标注垂直方向尺寸

⑥ 单击【标注】面板中 ⊢┤ **线性** ▾ 按钮右侧的下三角按钮，选择半径命令按钮 ⼤ ，命令行提示如下：

> 命令: _dimradius
> 选择圆弧或圆：   //选择大圆
> 标注文字 = 25
> 指定尺寸线位置或 [多行文字(M)/文字(T)/角度(A)]：   //在合适位置处单击

直接回车，输入上一次半径标注命令，命令行提示如下：

> 命令: _dimradius
> 选择圆弧或圆：   //选择小圆
> 标注文字 = 13
> 指定尺寸线位置或 [多行文字(M)/文字(T)/角度(A)]：   //在合适位置处单击

同样，运用半径标注命令标注圆弧的半径，标注结果如图 7-41 所示。

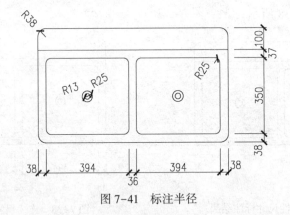

图 7-41   标注半径

⑦ 修改半径标注属性。

选择半径为 38 的圆弧尺寸标注，使其呈现蓝色夹点编辑状态，如图 7-42 所示。选择菜单栏中的【修改】|【特性】命令，弹出【特性】对话框。此时，【特性】对话框显示该尺寸标注的属性。修改【直线和箭头】选项卡中的【箭头】下拉列表框为"实心闭合"属性，如图 7-43 所示；修改【调整】选项卡中的【文字移动】下拉列表框为"尺寸线随文字移动"属性，如图 7-44 所示。单击【特性】对话框左上角的关闭按钮 ✕ 关闭该对话框；按 Esc 键退出夹点编辑状态。修改结果如图 7-45 所示。

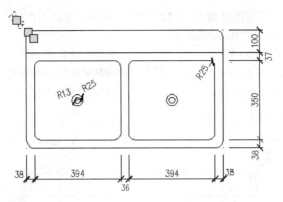

图 7-42　夹点编辑状态

图 7-43　调整"箭头"属性

图 7-44　调整"文字移动"属性

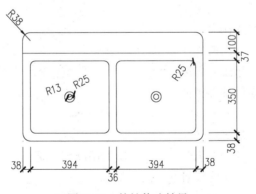

图 7-45　特性修改结果

⑧ 键盘输入特性匹配命令快捷键 MA 并回车，命令行提示如下：

命令:MA

MATCHPROP

选择源对象：　　　　　　　//选择修改后的半径为 38 的圆弧半径标注为源对象

当前活动设置：颜色 图层 线型 线型比例 线宽 透明度 厚度 打印样式 标注 文字 图案填充 多段线 视口 表格材质 多重引线中心对象

选择目标对象或［设置(S)］：	//选择半径为 25 的圆半径标注
选择目标对象或［设置(S)］：	//选择半径为 13 的圆半径标注
选择目标对象或［设置(S)］：	//回车,结束命令

修改结果如图 7-46 所示。

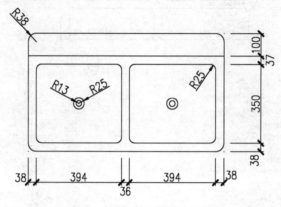

图 7-46　特性匹配修改结果

任务小结： 本任务综合应用各种尺寸标注命令。标注时，如果图形外轮廓不规则，可以绘制辅助线确定尺寸界线的原点位置。尺寸标注如果特性不同，可以通过【特性】命令修改。具有相同特性的尺寸标注可以通过【特性匹配】命令修改。

思考与练习

1. 思考题。

（1）如何新建尺寸标注样式？

（2）标注样式中的全局比例有什么作用？

（3）线性标注和对齐标注有何区别？

（4）基线标注和连续标注有何区别？

2. 选择题。

（1）设置标注样式的命令是（　　）。

A. DIMSTYLE　　　　　　B. STYLE　　　　　　C. TABLESTYLE　　　　　　D. MTEXT

（2）基线标注和连续标注的共同点是（　　）。

A. 都可以创建一系列由相同的标注原点测量出来的标注

B. 都可以创建一系列端对端的尺寸标注

C. 在使用前都需先创建一个线性标注、角度标注或坐标标注作为基准标注

D. 各个尺寸标注具有相同的第一条尺寸界线

（3）下列各图中的尺寸标注不能由线性标注命令完成的是（　　）。

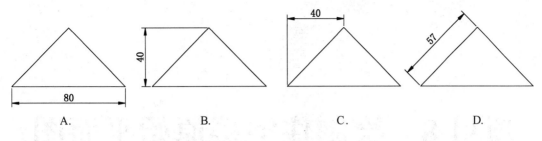

A.　　　　　　　　　　B.　　　　　　　　　　C.　　　　　　　　　　D.

（4）基线标注尺寸的尺寸线之间的间距（　　）进行调整。

A. 可以　　　　　　　　　B. 不可以

（5）角度标注命令可以标注（　　）的角度。

A. 圆弧　　　　　　　　B. 两条直线　　　　C. 圆上的某段圆弧　　　D. 以上均可

3. 绘制如图 7-47 所示的玻璃造型门示意图并标注尺寸。

4. 绘制如图 7-48 所示的拐角沙发图并标注尺寸。

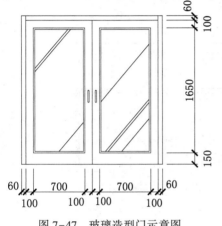

图 7-47　玻璃造型门示意图

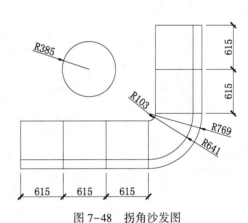

图 7-48　拐角沙发图

项目 8　绘制住宅楼原始平面图

从本项目开始，将以一幢住宅楼的室内装饰施工图为例系统讲述运用 AutoCAD 2024 绘制施工图的方法。在进行室内装饰施工之前，设计师需要将房型结构、空间关系、房间尺寸等用图纸表现出来，即绘制原始平面图。本项目主要讲述原始平面图的绘制方法和过程，绘制结果如图 8-1 所示。

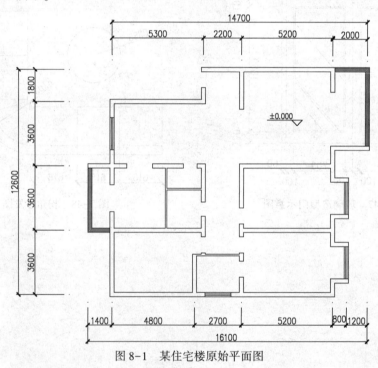

图 8-1　某住宅楼原始平面图

任务 8.1　设置绘图环境

1. 创建新图形

单击快速访问工具栏中的【新建】按钮，弹出【选择样板】对话框，如图 8-2 所示。选择【名称】下拉列表框中的 "acadiso.dwt" 文件，单击【打开】按钮，新建一个 AutoCAD 文件。

2. 设置绘图区域

选择下拉菜单栏中的【格式】|【图形界限】命令，命令行提示如下：

命令：'_limits

重新设置模型空间界限：

指定左下角点或 [开(ON)/关(OFF)]<0.0000,0.0000>：

　　　　　　　　　　　　　//回车默认左下角坐标为坐标原点

指定右上角点<420.0000,297.0000>：42000,29700

　　　　　　　　　　　　　//指定右上角坐标为"42000,29700"

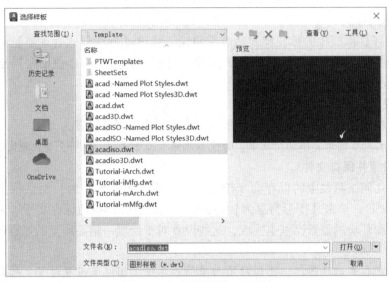

图 8-2　【选择样板】对话框

3. 显示幅面全部范围

在命令行中输入 ZOOM 命令并回车，选择【全部(A)】选项，显示幅面全部范围。

注意： 按下状态栏中的【显示图形栅格】按钮，可以观察图纸的全部范围。

4. 设置图层

(1) 单击【图层】面板中的图层特性按钮 ，弹出【图层特性管理器】对话框，设置图层，结果如图 8-3 所示。

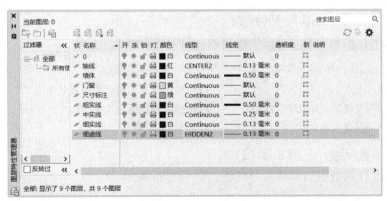

图 8-3　【图层特性管理器】对话框

(2) 单击【图层特性管理器】对话框左上角的关闭按钮 ，关闭【图层特性管理器】对话框。

5. 设置文字样式

（1）单击【注释】面板中的文字样式命令按钮 A，弹出【文字样式】对话框。建立两个文字样式："汉字"样式和"数字"样式。"汉字"样式采用"仿宋"字体，宽度因子设为 0.7，用于填写工程做法、标题栏、会签栏、门窗列表中的汉字样式等；"数字"样式采用"Simplex. shx"字体，宽度因子设为 0.7，用于书写数字及特殊字符。

（2）单击【关闭】按钮，关闭【文字样式】对话框。

6. 设置标注样式

单击【注释】面板中的标注样式命令按钮 ，弹出【标注样式管理器】对话框，新建"建筑"标注样式，将【调整】选项卡中【标注特征比例】中的"使用全局比例"修改为 100，其他的设置方法同任务 7.2。

7. 设置线型比例

在命令行输入线型比例命令 LTS 并回车，将全局比例因子设置为 100。

注意：在扩大了图形界限的情况下，为使点画线能正常显示，须将全局比例因子按比例放大。

8. 完成设置并保存文件

单击快速访问工具栏中的保存命令按钮 ，打开【图形另存为】对话框。输入文件名称"原始平面图"，单击【图形另存为】对话框中的保存命令按钮保存文件。

至此，绘图环境的设置已基本完成，这些设置对于绘制一幅高质量的工程图纸而言非常重要。

注意：虽然在开始绘图前，已经对图形单位、界限、图层等设置过了，但是在绘图过程中，仍然可以对它们进行重新设置，以避免在绘图时因设置不合理而影响绘图。

任务 8.2　绘制轴线

1. 打开文件

打开任务 8.1 存盘的文件"原始平面图 .dwg"，将"轴线"层设置为当前层。打开正交方式，设置对象捕捉方式为"端点"和"交点"捕捉方式。

2. 绘制纵轴

（1）绘制Ⓐ轴线［见图 8-4（a）］。

单击【绘图】面板中的直线命令按钮 ，命令行提示：

```
命令:_line
指定第一个点:                      //在绘图区左下角适当位置处单击
指定下一点或［放弃(U)］:18300      //轴线的长度暂定为 18300
指定下一点或［放弃(U)］:           //回车,结束命令
```

（2）绘制其他纵轴［见图 8-4（a）］。

单击【修改】面板中的偏移命令按钮 ，命令行提示：

```
命令:_offset
当前设置:删除源=否  图层=源  OFFSETGAPTYPE=0
指定偏移距离或［通过(T)/删除(E)/图层(L)］<通过>:3600
                              //输入Ⓐ、Ⓑ轴之间的距离 3600 并回车
```

选择要偏移的对象,或［退出(E)/放弃(U)]<退出>:

　　　　　　　　　//选择第一条纵轴,即Ⓐ轴

指定要偏移的那一侧上的点,或［退出(E)/多个(M)/放弃(U)]<退出>:

　　　　　　　　　//在Ⓐ轴的上侧单击,复制出Ⓑ轴

选择要偏移的对象,或［退出(E)/放弃(U)]<退出>:

　　　　　　　　　//选择Ⓑ轴

指定要偏移的那一侧上的点,或［退出(E)/多个(M)/放弃(U)]<退出>:

　　　　　　　　　//在Ⓑ轴的上侧单击,复制出Ⓒ轴

选择要偏移的对象,或［退出(E)/放弃(U)]<退出>:

　　　　　　　　　//选择Ⓒ轴

指定要偏移的那一侧上的点,或［退出(E)/多个(M)/放弃(U)]<退出>:

　　　　　　　　　//在Ⓒ轴的上侧单击,复制出Ⓓ轴

选择要偏移的对象,或［退出(E)/放弃(U)]<退出>:

　　　　　　　　　//回车,结束命令

再一次单击【修改】面板中的偏移命令按钮⊏,命令行提示:

命令:_offset

当前设置:删除源=否　图层=源　OFFSETGAPTYPE=0

　　　　　　　　　//重复使用该命令

指定偏移距离或［通过(T)/删除(E)/图层(L)]<通过>:1800

　　　　　　　　　//输入Ⓓ、Ⓔ轴之间的距离1800并回车

选择要偏移的对象,或［退出(E)/放弃(U)]<退出>:

　　　　　　　　　//选择要复制的对象,即Ⓓ轴

指定要偏移的那一侧上的点,或［退出(E)/多个(M)/放弃(U)]<退出>:

　　　　　　　　　//在Ⓓ轴的上侧单击,确定方向

选择要偏移的对象,或［退出(E)/放弃(U)]<退出>:

　　　　　　　　　//回车,结束命令

绘制结果如图 8-4（a）所示。

3. 绘制横轴

采用同样做法运用直线命令在适当位置画出①轴,结果如图 8-4（b）所示,再运用偏移命令复制出其他横轴,间距分别为 1400、4800、500、2200、5200、800、1200,结果如图 8-4（c）所示。

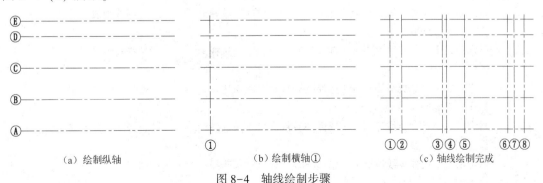

（a）绘制纵轴　　　　　　（b）绘制横轴①　　　　　　（c）轴线绘制完成

图 8-4　轴线绘制步骤

4. 标注轴线尺寸

为了避免因轴线太多而造成视觉上的混乱，可对轴线进行尺寸标注。将"尺寸标注"层设置为当前层，当前标注样式设置为"建筑"标注样式。尺寸标注步骤如下。

(1) 单击【注释】选项卡【标注】面板中的线性命令按钮⊢，命令行提示：

> 命令:_dimlinear
> 指定第一个尺寸界线原点或<选择对象>:　　　　　　　　//捕捉①轴线下端点
> 指定第二条尺寸界线原点:　　　　　　　　　　　　　　//捕捉②轴线下端点
> 指定尺寸线位置或[多行文字(M)/文字(T)/角度(A)/水平(H)/垂直(V)/旋转(R)]:
> 　　　　　　　　　　　　　　　　　　　　　　　　　//在适当位置处单击
> 标注文字=1400

标注结果如图 8-5 所示。

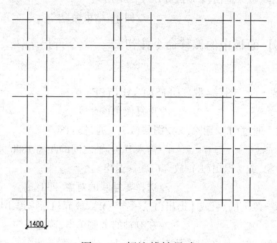

图 8-5　标注线性尺寸

(2) 单击【标注】面板中的连续命令按钮⊢⊢，根据命令行提示依次选择③、⑤、⑥、⑦、⑧轴线的下端点，命令行提示如下：

> 命令:_dimcontinue
> 指定第二个尺寸界线原点或[选择(S)/放弃(U)]<选择>:　　//选择③轴线下端点
> 标注文字=4800
> 指定第二个尺寸界线原点或[选择(S)/放弃(U)]<选择>:　　//选择⑤轴线下端点
> 标注文字=2700
> 指定第二个尺寸界线原点或[选择(S)/放弃(U)]<选择>:　　//选择⑥轴线下端点
> 标注文字=5200
> 指定第二个尺寸界线原点或[选择(S)/放弃(U)]<选择>:　　//选择⑦轴线下端点
> 标注文字=800
> 指定第二个尺寸界线原点或[选择(S)/放弃(U)]<选择>:　　//选择⑧轴线下端点
> 标注文字=1200
> 指定第二个尺寸界线原点或[选择(S)/放弃(U)]<选择>:　　//回车

运用尺寸文字的夹点移动功能移动标注文字 800 的位置，结果如图 8-6 所示。

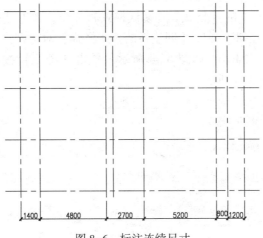

图 8-6 标注连续尺寸

（3）同样，利用线性标注命令及连续标注命令标注其他尺寸线，结果如图 8-7 所示。

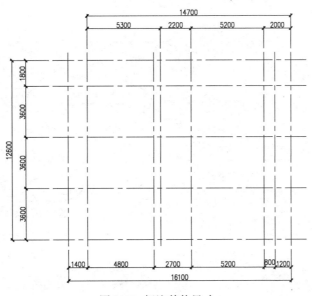

图 8-7 标注其他尺寸

注意：默认情况下，有些尺寸是重叠的，可以利用对象的夹点编辑功能将尺寸标注文字移动到合适的位置。

任务 8.3 绘制墙体

1. 选择当前层
锁定"轴线"层，选择"墙体"层为当前层。

2. 设置多线样式

步骤如下。

（1）选择下拉菜单栏中的【格式】|【多线样式】命令，弹出【多线样式】对话框。

（2）单击【新建】按钮，弹出【创建新的多线样式】对话框。在【新样式名】文本框中输入多线的新样式名"240"，如图 8-8 所示，单击【继续】按钮，弹出【新建多线样式：240】对话框，如图 8-9 所示。

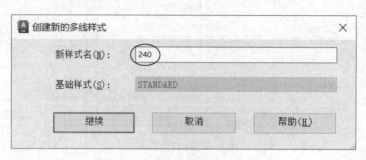

图 8-8　【创建新的多线样式】对话框

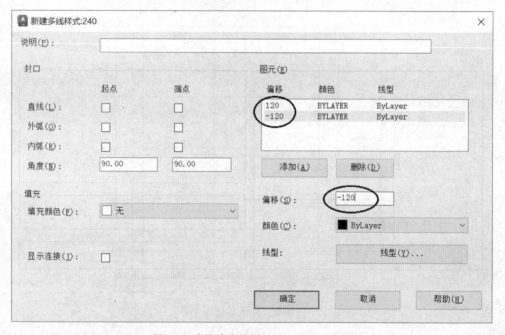

图 8-9　【新建多线样式：240】对话框

（3）在【图元】选项区域中，分别选中两条平行线，并在【偏移】文本框中分别输入偏移距离为"120"和"-120"。

（4）单击【确定】按钮，返回【多线样式】对话框，如图 8-10 所示，完成"240"墙体的设置。

（5）单击保存命令按钮，弹出如图 8-11 所示的【保存多线样式】对话框，在【文件名】文本框中输入文件名"240 墙.mln"，单击保存命令按钮，返回【多线样式】对话框。

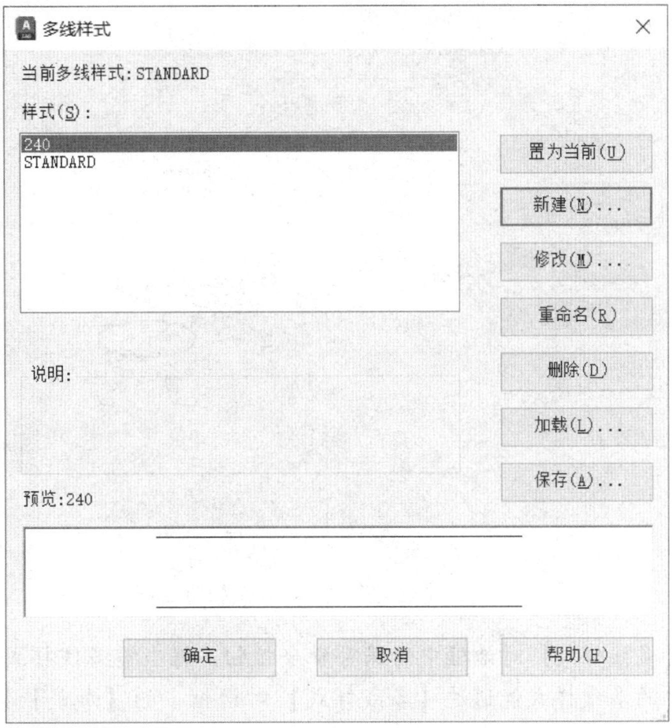

图 8-10　【多线样式】对话框

图 8-11　【保存多线样式】对话框

　　（6）采用同样方法可以设置名称为"90"的墙体样式，其【新建多线样式：90】对话框如图 8-12 所示。

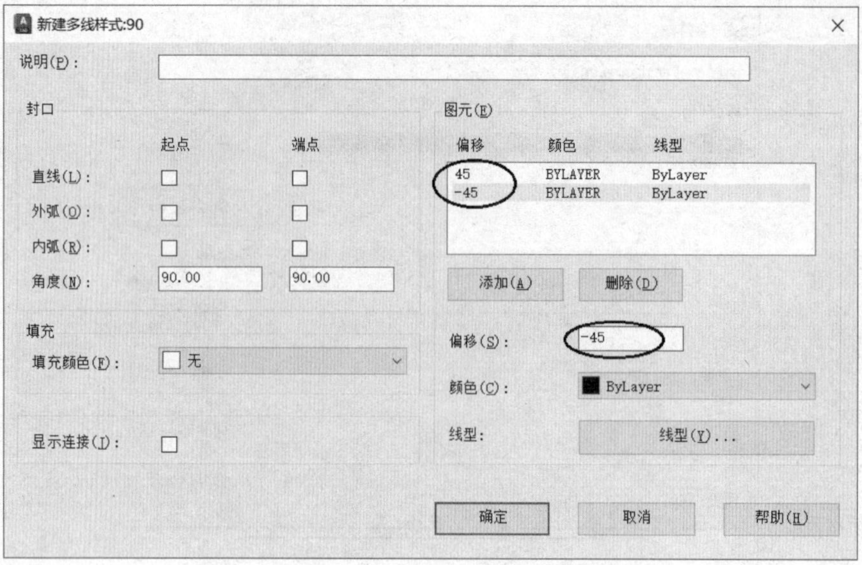

图 8-12 【新建多线样式：90】对话框

注意：单击【多线样式】对话框中的保存命令按钮，将当前多线样式保存为"＊.mln"文件，则当前文件的多线样式能通过【多线样式】对话框中的【加载】按钮来加载，从而被其他文件使用。

3. 绘制及修改墙体

步骤如下。

（1）绘制外墙线。

先绘制外墙 ABCDEFA，这些节点均为轴线的交点，结果如图 8-13 所示。具体操作如下。

选择下拉菜单栏中的【绘图】|【多线】命令，命令行提示如下：

```
命令：_mline
当前设置：对正 = 上,比例 = 20.00,样式 = STANDARD
指定起点或[对正(J)/比例(S)/样式(ST)]： j    //输入 j 并回车,选择【对正(J)】选项
输入对正类型[上(T)/无(Z)/下(B)]<上>： z    //输入 z 并回车,采用中线对齐方式
当前设置：对正 = 无,比例 = 20.00,样式 = STANDARD
指定起点或[对正(J)/比例(S)/样式(ST)]： s    //输入 s 并回车,选择【比例(S)】选项
输入多线比例 <20.00>： 1                    //输入 1 并回车,设置比例为 1
当前设置：对正 = 无,比例 = 1.00,样式 = STANDARD
指定起点或[对正(J)/比例(S)/样式(ST)]： st   //输入 st 并回车,选择【样式(ST)】选项
输入多线样式名或[?]： 240                   //输入 240 并回车,设置多线样式为"240"样式
当前设置：对正 = 无,比例 = 1.00,样式 = 240
指定起点或[对正(J)/比例(S)/样式(ST)]：     //捕捉 A 点
指定下一点：                              //捕捉 B 点
指定下一点或[放弃(U)]：                    //捕捉 C 点
指定下一点或[闭合(C)/放弃(U)]：            //捕捉 D 点
指定下一点或[闭合(C)/放弃(U)]：            //捕捉 E 点
```

指定下一点或[闭合(C)/放弃(U)]:　　　　　//捕捉 F 点

指定下一点或[闭合(C)/放弃(U)]:　c　　　//输入 c 并回车,封闭图形并结束多线命令

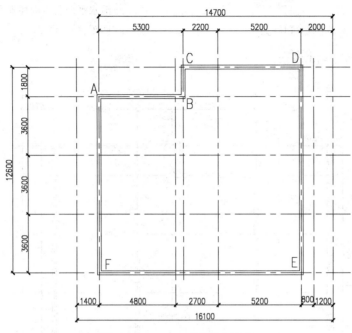

图 8-13　"240"墙体绘制结果

（2）绘制内墙。

① 选择下拉菜单栏中的【绘图】|【多线】命令，绘制墙体 GHI，命令行提示如下：

命令:_mline
当前设置:对正=无,比例=1.00,样式=240
指定起点或[对正(J)/比例(S)/样式(ST)]:　　//捕捉 G 点
指定下一点:　　　　　　　　　　　　　　//捕捉 H 点
指定下一点或[放弃(U)]:　　　　　　　　//捕捉 I 点
指定下一点或[闭合(C)/放弃(U)]:　　　　//回车,结束命令

② 空格键重复多线命令，绘制墙体 JK，命令行提示如下：

命令:_mline
当前设置:对正=无,比例=1.00,样式=240
指定起点或[对正(J)/比例(S)/样式(ST)]://捕捉 J 点
指定下一点:　2100　　　　　　　　　　//沿垂直向上方向输入距离 2100 并回车确定 K 点
指定下一点或[放弃(U)]:　　　　　　　　//回车,结束命令

③ 空格键重复多线命令，绘制墙体 KL，命令行提示如下：

命令:_mline
当前设置:对正=无,比例=1.00,样式=240
指定起点或[对正(J)/比例(S)/样式(ST)]:　st　//输入 st 并回车,选择【样式(ST)】选项
输入多线样式名或[?]:　90　　　　　　　//输入 90 并回车,设置多线样式为"90"样式

当前设置: 对正=无,比例=1.00,样式=90
指定起点或[对正(J)/比例(S)/样式(ST)]:　　　　//捕捉 K 点
指定下一点:　　　　　　　　　　　　　　　　//沿水平向右方向捕捉交点 L
指定下一点或[放弃(U)]:　　　　　　　　　　//回车,结束命令

绘制结果如图 8-14 所示。

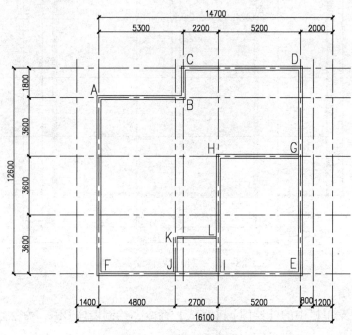

图 8-14　墙体绘制结果

④ 空格键重复多线命令, 绘制墙体 MNO, 命令行提示如下:

命令: _mline
当前设置: 对正=无,比例=1.00,样式=90
指定起点或[对正(J)/比例(S)/样式(ST)]: st //输入 st 并回车,选择【样式(ST)】选项
输入多线样式名或[?]: 240　　　　　　　　//输入 240 并回车,设置多线样式为"240"样式
当前设置: 对正=无,比例=1.00,样式=240
指定起点或[对正(J)/比例(S)/样式(ST)]:　　//捕捉 M 点
指定下一点:　　　　　　　　　　　　　　　//捕捉 N 点
指定下一点或[放弃(U)]:　　　　　　　　　//捕捉 O 点
指定下一点或[闭合(C)/放弃(U)]:　　　　　//回车,结束命令

⑤ 空格键重复多线命令, 绘制墙体 PQ, 命令行提示如下:

命令: _mline
当前设置: 对正=无,比例=1.00,样式=240
指定起点或[对正(J)/比例(S)/样式(ST)]:　　//捕捉 P 点
指定下一点:　　　　　　　　　　　　　　　//捕捉 Q 点

指定下一点或[放弃(U)]:　　　　　　　　　　　//回车,结束命令

同样,运用多线命令绘制墙体 RS,结果如图 8-15 所示。

⑥ 空格键重复多线命令,绘制墙体 TU,命令行提示如下:

　　命令:_mline
　　当前设置:对正=无,比例=1.00,样式=240
　　指定起点或[对正(J)/比例(S)/样式(ST)]:　　//捕捉 T 点
　　指定下一点: 2100　　　　　　　　　　　　//沿垂直向下方向输入距离 2100 并回车
　　指定下一点或[放弃(U)]:　　　　　　　　　//回车,结束命令

绘制结果如图 8-15 所示。

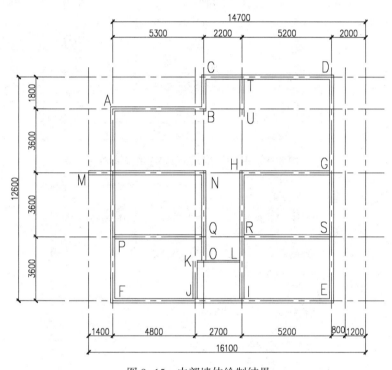

图 8-15　内部墙体绘制结果

⑦ 同样,运用多线命令绘制内部的隔墙、阳台和窗两侧的墙体,结果如图 8-16
所示。

(3) 编辑多线。

① 关闭"轴线"层。选择下拉菜单栏中的【修改】|【对象】|【多线】命令,弹出【多
线编辑工具】对话框,如图 8-17 所示。

注意:多线编辑可以将十字接头、T 形接头、角接头等修正为如图 8-17 所示的形式,
还可以用多线编辑命令打断多线和连接多线、添加顶点、删除顶点。

② 单击第二行第一列的"十字打开"形式,根据命令行提示做如下操作,结果如
图 8-18 所示。

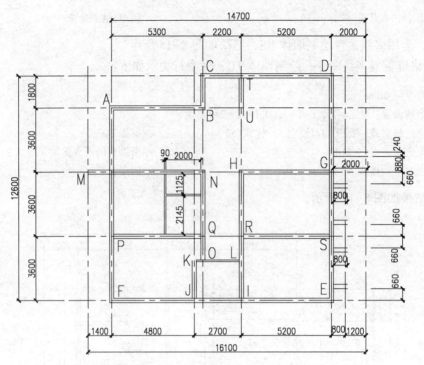

图 8-16　阳台和窗两侧的墙体绘制结果

图 8-17　【多线编辑工具】对话框

命令：_mledit

选择第一条多线：	//选择多线 MN
选择第二条多线：	//选择多线 AP
选择第一条多线 或[放弃(U)]：	//回车,结束命令

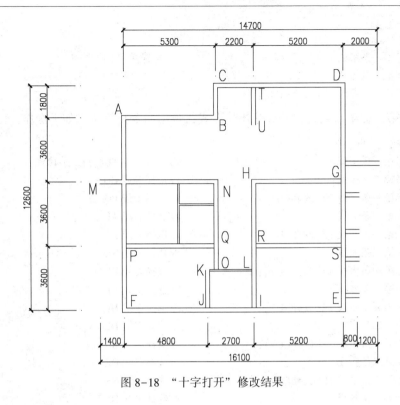

图 8-18 "十字打开"修改结果

③ 单击第一行第三列的"角点结合"形式,根据命令行提示做如下操作,结果如图 8-19 所示。

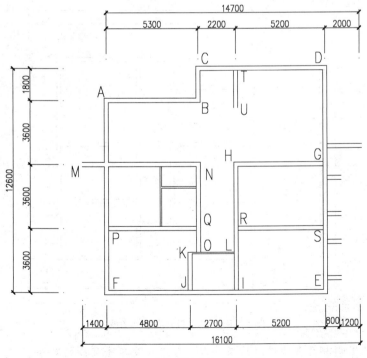

图 8-19 "角点结合"修改结果

命令：mledit

选择第一条多线：	//选择多线 KL
选择第二条多线：	//选择多线 KJ
选择第一条多线 或[放弃(U)]：	//回车,结束命令

④ 单击第二行第二列的"T形打开"形式，根据命令行提示做如下操作：

命令：mledit

选择第一条多线：	//选择多线 TU(见图 8-19)
选择第二条多线：	//选择多线 CD
选择第一条多线 或[放弃(U)]：	//选择多线 PQ
选择第二条多线：	//选择多线 AF
选择第一条多线 或[放弃(U)]：	//选择多线 PQ
选择第二条多线：	//选择多线 NO
选择第一条多线 或[放弃(U)]：	//选择多线 KL
选择第二条多线：	//选择多线 RI
选择第一条多线 或[放弃(U)]：	//选择多线 HG
选择第二条多线：	//选择多线 DE
选择第一条多线 或[放弃(U)]：	//选择多线 RS
选择第二条多线：	//选择多线 DE
选择第一条多线 或[放弃(U)]：	//选择多线 RS
选择第二条多线：	//选择多线 HI
选择第一条多线 或[放弃(U)]：	//回车,结束命令

采用同样方法对所有的 T 形相交多线进行修改，结果如图 8-20 所示。

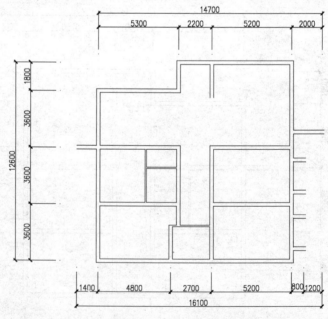

图 8-20 "T形打开"修改结果

注意：如果 T 形相交多线修改结果异常，可以改变单击多线的顺序。

任务 8.4　开门、窗洞口并绘制窗和阳台

子任务 8.4.1　开窗洞口并绘制窗和阳台

1. 修剪窗洞口

（1）单击【修改】面板中的分解命令按钮 ⬚，根据命令行提示选择所有的墙体，将其分解成线段。

（2）单击【绘图】面板中的直线命令按钮 ⁄，绘制直线 VW（见图 8-22），具体操作如下：

```
命令:_line
指定第一个点: 750           //由如图 8-21 所示中点水平向左追踪点 V,距离为 750
指定下一点或[放弃(U)]:      //运用"垂足"捕捉方式捕捉 W 点
指定下一点或[放弃(U)]:      //回车,结束命令
```

绘制结果如图 8-22 所示。

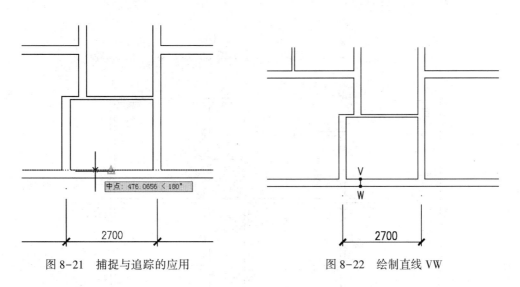

图 8-21　捕捉与追踪的应用　　　　　　　图 8-22　绘制直线 VW

（3）采用同样方法绘制直线 XY，结果如图 8-23 所示。

（4）单击【修改】面板中的修剪命令按钮 ✂ 修剪 ▾，修剪窗洞口，结果如图 8-24 所示，操作如下。

```
命令:_trim
当前设置: 投影=UCS,边=无,模式=快速
选择要修剪的对象,或按住 Shift 键选择要延伸的对象或
  [剪切边(T)/窗交(C)/模式(O)/投影(P)/删除(R)]:                      //选择被剪切段 VX
选择要修剪的对象,或按住 Shift 键选择要延伸的对象或
  [剪切边(T)/窗交(C)/模式(O)/投影(P)/删除(R)/放弃(U)]:              //选择被剪切段 WY
```

选择要修剪的对象,或按住 Shift 键选择要延伸的对象或
[剪切边(T)/窗交(C)/模式(O)/投影(P)/删除(R)/放弃(U)]: 　　//回车

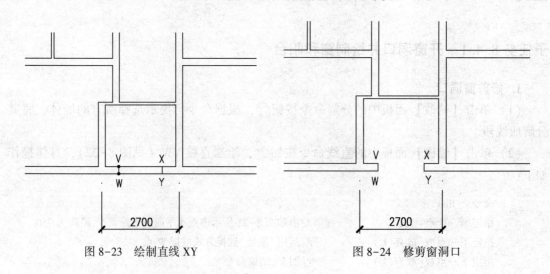

图 8-23　绘制直线 XY　　　　　　　　　图 8-24　修剪窗洞口

　　(5) 同理,运用直线、剪切、删除等命令及对象的夹点移动功能可以绘制并修剪出其他窗洞口,结果如图 8-25 所示。

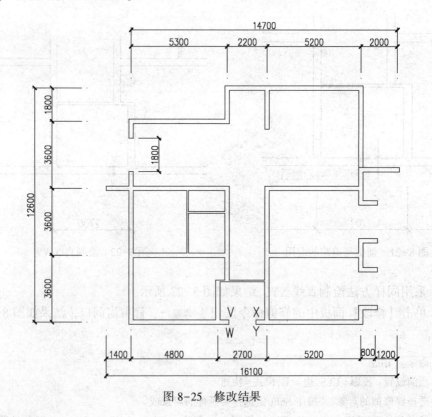

图 8-25　修改结果

2. 绘制窗图形块

块是用户在块定义时指定的全部图形对象的集合。块一旦被定义,就以一个整体出现

（除非将其分解）。块的主要作用有：建立图形库、节省存储空间、便于修改和重定义、定义非图形信息等。制作窗块的步骤如下。

（1）选择"0"层为当前层。运用直线命令在任意空白位置处绘制一个长为1000，宽为100的矩形，结果如图 8-26（a）所示。

注意：如果图块中的图形元素全部被绘制在"0"层上，图块中的图形元素继承图块插入层的线型和颜色属性；如果图块中的图形元素被绘制在不同的图层上，则插入图块时，图块中的图形元素都插在原来所在的图层上，并保存原来的线型、颜色等全部图层特性，与插入层无关。

（2）单击【修改】面板中的偏移命令按钮⊂，根据命令行提示操作如下：

命令：_offset
当前设置：删除源＝否　图层＝源　OFFSETGAPTYPE＝0
指定偏移距离或[通过(T)/删除(E)/图层(L)]<通过>：33　　　//输入偏移距离33并回车
选择要偏移的对象，或[退出(E)/放弃(U)]<退出>：　　　　　//选择直线 AB
指定要偏移的那一侧上的点，或[退出(E)/多个(M)/放弃(U)]<退出>：
　　　　　　　　　　　　　　　　　　　　　　　　　//在直线 AB 的下侧单击
选择要偏移的对象，或[退出(E)/放弃(U)]<退出>：　　　　　//选择直线 CD
指定要偏移的那一侧上的点，或[退出(E)/多个(M)/放弃(U)]<退出>：
　　　　　　　　　　　　　　　　　　　　　　　　　//在直线 CD 的上侧单击
选择要偏移的对象，或[退出(E)/放弃(U)]<退出>：　　　　　//回车,结束命令

绘制结果如图 8-26（b）所示。

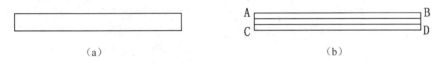

　　　　　　　（a）　　　　　　　　　　　　　　　　　（b）

图 8-26　绘制窗图形块

（3）单击【块】面板中的创建块命令按钮□ 创建，弹出如图 8-27 所示的【块定义】对话框。

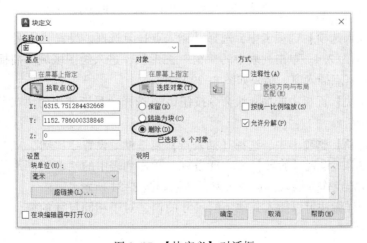

图 8-27　【块定义】对话框

① 在【名称】列表框中指定块名"窗"。单击选择对象按钮 🔳，选择构成窗块的所有对象后右击，重新显示对话框，并在选项组下部显示：已选择 6 个对象。选择【删除】单选按钮。

② 单击拾取点按钮 🔳，选择窗块的右下角点 D（参见图 8-26）为基点。

③ 单击【确定】按钮，块定义结束。如果用户指定的块名已被定义，则 AutoCAD 显示一个警告信息，询问是否重新建立块定义。如果选择重新建立，则同名的旧块定义将被新块定义取代。

3. 插入窗图形块

（1）关闭"轴线"层，将"门窗"层设置为当前层。单击【块】面板中的插入块命令按钮 🔳，选择"最近使用的块"，弹出如图 8-28 所示的【块】对话框。

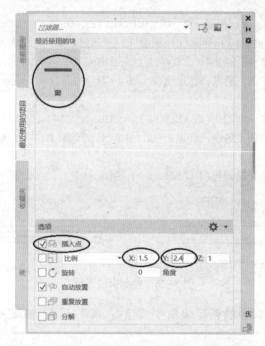

图 8-28　窗宽 1500【块】对话框

（2）在【插入选项】选项卡中，选择【插入点】复选框。设置"比例"文本中的 X 比例为 1.5，Y 比例为 2.4。单击列表中的"窗"图形块，进入绘图区域。捕捉窗洞口右下角的 Y 点作为插入基点插入窗，结果如图 8-29 所示。

（3）单击【块】面板中的插入块命令按钮 🔳，选择"最近使用的块"，弹出如图 8-30 所示的【块】对话框。

（4）在【选项】选项卡中，选择【插入点】复选框。设置"比例"文本中的 X 比例为 1.8，Y 比例为 2.4。设置【旋转】文本框为 90。单击列表中的"窗"图形块，进入绘图区域，捕捉窗洞口 Z 点作为插入基点插入窗，结果如图 8-31 所示。

（5）采用同样做法可以插入其他不同尺寸的窗。对于相同尺寸的窗，可以运用复制命令绘制。

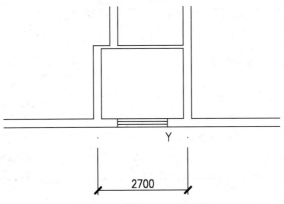

图 8-29　插入 1500 宽窗块

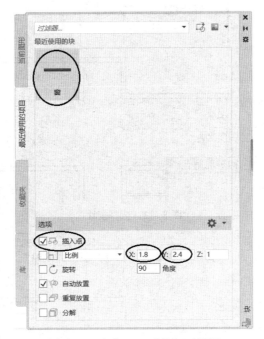

图 8-30　窗宽 1800【块】对话框

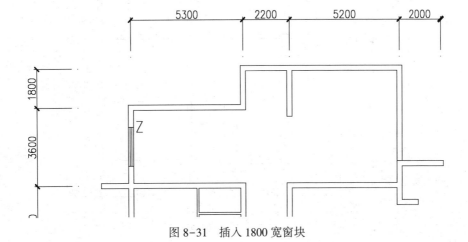

图 8-31　插入 1800 宽窗块

单击【修改】面板中的复制命令按钮 %，命令行提示：

命令：_copy
选择对象：指定对角点：找到 1 个　　　　　　　　　　　//选择如图 8-32 所示窗块
选择对象：　　　　　　　　　　　　　　　　　　　　//右击
当前设置：　复制模式=多个
指定基点或[位移(D)/模式(O)]<位移>：　　　　　//选择点 Z(见图 8-31)
指定第二个点或[阵列(A)]<使用第一个点作为位移>：　　//选择图 8-33 中点 A
指定第二个点或[阵列(A)/退出(E)/放弃(U)]<退出>：　//选择图 8-33 中点 B
指定第二个点或[阵列(A)/退出(E)/放弃(U)]<退出>：　//回车,结束命令

绘制结果如图 8-33 所示。

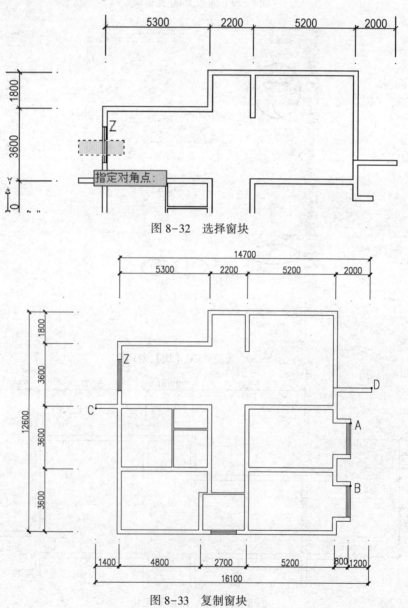

图 8-32　选择窗块

图 8-33　复制窗块

4. 绘制阳台窗

（1）单击【绘图】面板中的多段线命令按钮 ，命令行提示：

命令：_pline

指定起点：　　　　　　　　　　　　　　　　　//捕捉图 8-33 中的 C 点

当前线宽为 0.0000

指定下一个点或［圆弧（A）/半宽（H）/长度（L）/放弃（U）/宽度（W）］：3600

　　　　　　　　　　　　　　　　　　　　//沿垂直向下方向输入距离 3600 并回车

指定下一点或［圆弧（A）/闭合（C）/半宽（H）/长度（L）/放弃（U）/宽度（W）］：1280

　　　　　　　　　　　　　　　　　　　　//沿水平向右方向输入距离 1280 并回车

指定下一点或［圆弧（A）/闭合（C）/半宽（H）/长度（L）/放弃（U）/宽度（W）］：

　　　　　　　　　　　　　　　　　　　　//回车，结束命令

（2）单击【修改】面板中的偏移命令按钮 ，命令行提示：

命令：_offset

当前设置：删除源＝否　图层＝源　OFFSETGAPTYPE＝0

指定偏移距离或［通过（T）/删除（E）/图层（L）］<通过>：60　　　//输入偏移距离 60 并回车

选择要偏移的对象，或［退出（E）/放弃（U）］<退出>：　　　　//选择刚刚绘制的多段线

指定要偏移的那一侧上的点，或［退出（E）/多个（M）/放弃（U）］<退出>：

　　　　　　　　　　　　　　　　//在多段线右侧单击，复制出第 2 条多段线

选择要偏移的对象，或［退出（E）/放弃（U）］<退出>：//选择第 2 条多段线

指定要偏移的那一侧上的点，或［退出（E）/多个（M）/放弃（U）］<退出>：

　　　　　　　　　　　　　　　　//在多段线右侧单击，复制出第 3 条多段线

选择要偏移的对象，或［退出（E）/放弃（U）］<退出>：

　　　　　　　　　　　　　　　　//选择第 3 条多段线

指定要偏移的那一侧上的点，或［退出（E）/多个（M）/放弃（U）］<退出>：

　　　　　　　　　　　　　　　　//在多段线右侧单击，复制出第 4 条多段线

选择要偏移的对象，或［退出（E）/放弃（U）］<退出>：

　　　　　　　　　　　　　　　　//选择第 4 条多段线

指定要偏移的那一侧上的点，或［退出（E）/多个（M）/放弃（U）］<退出>：

　　　　　　　　　　　　　　　　//在多段线右侧单击，复制出第 5 条多段线

选择要偏移的对象，或［退出（E）/放弃（U）］<退出>：

　　　　　　　　　　　　　　　　//回车，结束命令

绘制结果如图 8-34 所示。

（3）再一次单击【绘图】面板中的多段线命令按钮 ，命令行提示：

命令：_pline

指定起点：　　　　　　　　　　　　　　　　　//捕捉图 8-33 中的 D 点

当前线宽为 0.0000

指定下一个点或［圆弧（A）/半宽（H）/长度（L）/放弃（U）/宽度（W）］：4400

　　　　　　　　　　　　　　　　　　　　//沿垂直向上方向输入距离 4400 并回车

指定下一点或［圆弧（A）/闭合（C）/半宽（H）/长度（L）/放弃（U）/宽度（W）］：2000

　　　　　　　　　　　　　　　　　　　　//沿水平向左方向输入距离 2000 并回车

指定下一点或［圆弧（A）/闭合（C）/半宽（H）/长度（L）/放弃（U）/宽度（W）］：

　　　　　　　　　　　　　　　　　　　　//回车，结束命令

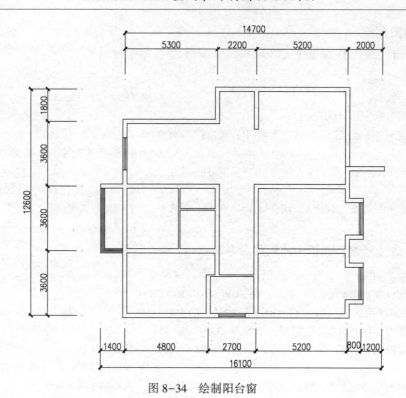

图 8-34　绘制阳台窗

（4）单击【修改】面板中的偏移命令按钮⊆，命令行提示：

命令：_offset

当前设置：删除源=否　图层=源　OFFSETGAPTYPE=0

指定偏移距离或[通过(T)/删除(E)/图层(L)] <通过>:60　　　//输入偏移距离60并回车

选择要偏移的对象，或[退出(E)/放弃(U)] <退出>：　　　　　//选择刚刚绘制的多段线

指定要偏移的那一侧上的点，或[退出(E)/多个(M)/放弃(U)] <退出>：

　　　　　　　　　　　　　　　　　　//在多段线左侧单击,复制出第2条多段线

选择要偏移的对象，或[退出(E)/放弃(U)] <退出>：//选择第2条多段线

指定要偏移的那一侧上的点，或[退出(E)/多个(M)/放弃(U)] <退出>：

　　　　　　　　　　　　　　　　　　//在多段线左侧单击,复制出第3条多段线

选择要偏移的对象，或[退出(E)/放弃(U)] <退出>：

　　　　　　　　　　　　　　　　　　//选择第3条多段线

指定要偏移的那一侧上的点，或[退出(E)/多个(M)/放弃(U)] <退出>：

　　　　　　　　　　　　　　　　　　//在多段线左侧单击,复制出第4条多段线

选择要偏移的对象，或[退出(E)/放弃(U)] <退出>：

　　　　　　　　　　　　　　　　　　//选择第4条多段线

指定要偏移的那一侧上的点，或[退出(E)/多个(M)/放弃(U)] <退出>：

　　　　　　　　　　　　　　　　　　//在多段线左侧单击,复制出第5条多段线

选择要偏移的对象，或[退出(E)/放弃(U)] <退出>：

　　　　　　　　　　　　　　　　　　//回车,结束命令

绘制结果如图 8-35 所示。

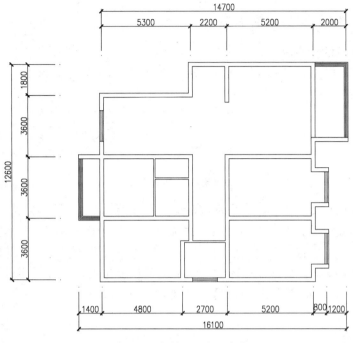

图 8-35　绘制另一个阳台窗

子任务 8.4.2　修剪门洞口

门洞口的制作方法与窗洞口基本一致,主要运用直线命令绘制洞口两边的墙线,运用修剪命令来修剪洞口,操作过程略。门洞口尺寸如图 8-36 所示。

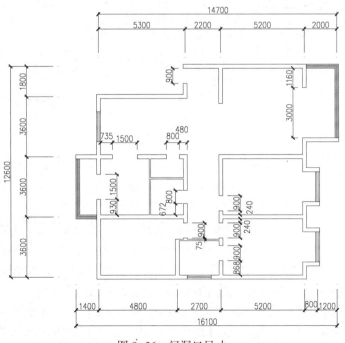

图 8-36　门洞口尺寸

子任务 8.4.3　绘制室内地面标高

1. 创建带属性的标高块

（1）将"0"层设为当前层，运用直线命令在空白位置绘制出标高符号，结果如图 8-37 所示。

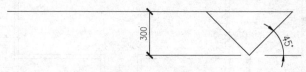

图 8-37　标高符号

（2）单击【块】面板中的定义属性按钮 ✎，弹出【属性定义】对话框。

（3）在【属性定义】对话框的【属性】选项区域中设置【标记】文本框为"bg"、【提示】文本框为"请输入标高"、【默认】文本框为"%%p0.000"。选中【插入点】选项区域中的【在屏幕上指定】复选框。选中【锁定位置】复选框。在【文字设置】选项区域中设置文字高度为 300。此时【属性定义】对话框如图 8-38 所示。

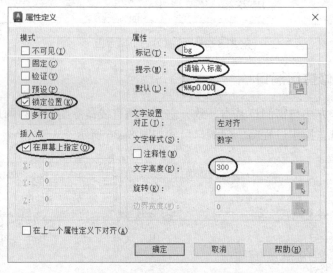

图 8-38　【属性定义】对话框

（4）单击【属性定义】对话框中的【确定】按钮，返回到绘图界面，然后指定插入点在标高符号的上方，完成"bg"属性的定义。此时标高符号如图 8-39 所示。

图 8-39　定义属性后的标高符号

（5）单击【块】面板中的创建块命令按钮 ▱ 创建，弹出【块定义】对话框，输入块名称为"bg"，单击选择对象按钮 ▤，退出【块定义】对话框返回到绘图方式，框选图 8-39 中的标高符号和刚刚定义的属性"bg"，右击确认，弹出【块定义】对话框，单击【拾取点】按钮 ▨，捕捉标高符号三角形下方的顶点为插入点，又返回到【块定义】对话框，再选中【删除】单选按钮，此时的【块定义】对话框如图 8-40 所示。

（6）单击【块定义】对话框中的【确定】按钮，返回到绘图界面，所绘制的标高符号被删除。定义完带属性的标高块，名为"bg"。

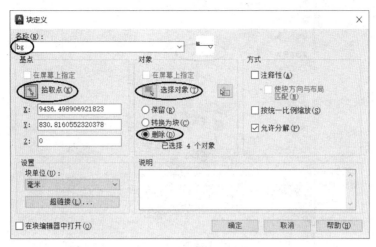

图 8-40 【块定义】对话框

2. 插入标高块，完成标高标注

（1）将"尺寸标注"层设置为当前层。打开"端点"和"中点"捕捉方式。

（2）单击【块】面板中的插入块命令按钮，选择"最近使用的块"，弹出如图 8-41 所示的【块】对话框。在【选项】选项卡中，选中【插入点】复选框。设置"比例"文本中的 X 比例为 1，Y 比例为 1。设置【旋转】文本框为 0。

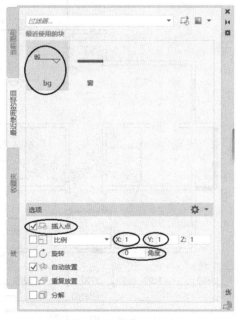

图 8-41 【块】对话框

（3）单击列表中的"bg"图形块，进入绘图区域，根据命令行提示在标高位置单击，弹出【编辑属性】对话框，如图 8-42 所示。在"请输入标高"后的文本框中输入"％％p0.000"，单击【确定】按钮。结果如图 8-43 所示。

（4）完成原始平面图的绘制，单击快速访问工具栏中的保存命令按钮，保存文件。

图 8-42　【编辑属性】对话框

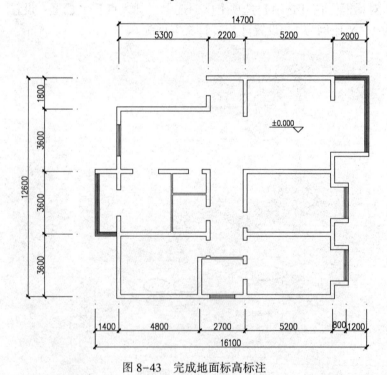

图 8-43　完成地面标高标注

任务 8.5　打印输出

　　打印输出与图形的绘制、修改和编辑等过程同等重要，只有将设计的成果打印输出到图纸上，才算完成了整个绘图过程。

在打印输出之前，首先需要配置好图形输出设备。目前，图形输出设备很多，常见的有打印机和绘图仪两种，但目前打印机和绘图仪都趋向于激光和喷墨输出，已经没有明显的区别，因此，在 AutoCAD 2024 中，将图形输出设备统称为绘图仪。一般情况下，使用系统默认的绘图仪即可打印出图。如果系统默认的绘图仪不能满足用户需要，可以添加新的绘图仪。

下面讲述在模型空间打印本项目所绘建筑平面图的方法。具体操作步骤如下。

（1）打开前面保存的"原始平面图.dwg"为当前图形文件。

（2）单击快速访问工具栏中的打印命令按钮 🖨，弹出【打印-模型】对话框，如图 8-44 所示。

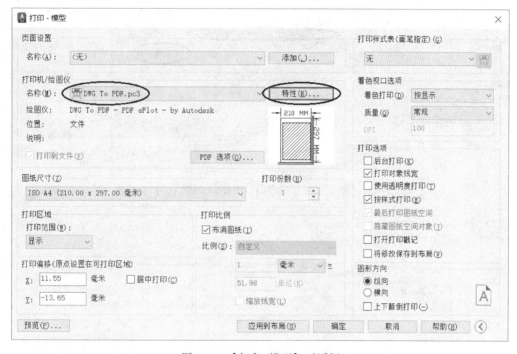

图 8-44 【打印-模型】对话框

（3）在【打印-模型】对话框中的【打印机/绘图仪】选项区域中的【名称】下拉列表框中选择系统所使用的绘图仪类型，本例中选择"DWG To PDF.pc3"型号的绘图仪作为当前绘图仪。

① 修改图纸的可打印区域。

a）单击【名称】下拉列表框中"DWG To PDF.pc3"绘图仪右面的【特性】按钮，弹出【绘图仪配置编辑器-DWG To PDF.pc3】对话框，如图 8-45 所示。激活【设备和文档设置】目录下的【修改标准图纸尺寸（可打印区域）】选项，打开【修改标准图纸尺寸】选项区域。

b）在【修改标准图纸尺寸】选项区域内单击微调按钮 ▾，选择"ISO A3（420.00 x 297.00）"图表框。

c）单击此选项区域右侧的【修改】按钮，在打开的【自定义图纸尺寸-可打印区域】对话框中，将"上""下""左""右"的数字设为"0"，如图 8-46 所示。

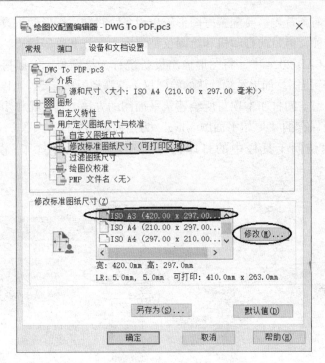

图 8-45　【绘图仪配置编辑器-DWG To PDF.pc3】对话框

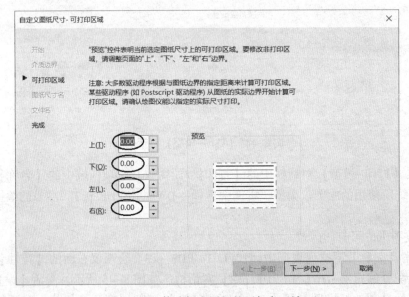

图 8-46　修改标准图纸的可打印区域

　　d) 单击【下一步】按钮，打开【自定义图纸尺寸-文件名】对话框。在"PMP 文件名"文本框中输入"DWG To PDF"，如图 8-47 所示。

　　e) 单击【下一步】按钮，在打开的【自定义图纸尺寸-完成】对话框中，列出了修改后的标准图纸的尺寸，如图 8-48 所示。

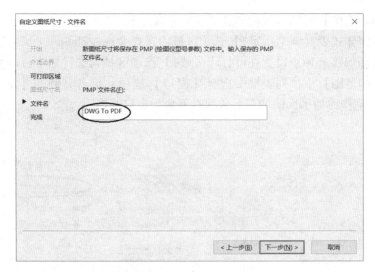

图 8-47　【自定义图纸尺寸-文件名】对话框

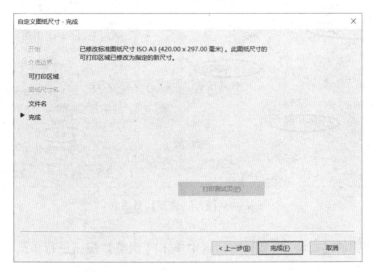

图 8-48　【自定义图纸尺寸-完成】对话框

f）单击【自定义图纸尺寸-完成】对话框中的【完成】按钮，系统返回到【绘图仪配置编辑器-DWG To PDF. pc3】对话框。

g）单击对话框中的【另存为】按钮，在弹出的【另存为】对话框中，将修改后的绘图仪另存为"DWG To PDF. pc3"。

h）单击【绘图仪配置编辑器-DWG To PDF. pc3】对话框中的【确定】按钮，系统返回到【打印-模型】对话框。

i）在【图纸尺寸】选项区域中的【图纸尺寸】下拉列表框内选择"ISO A3（420.00 x 297.00 毫米）"图纸尺寸，如图 8-49 所示。

②在【打印-模型】对话框中进行其他方面的页面设置（见图 8-49）。

a）在【打印比例】选项区域内勾选【布满图纸】复选框。

b）在【图形方向】选项区域内勾选【横向】复选框。

c）在【打印样式表（画笔指定）】选项区域内选择"monochrome.ctb"样式表。

d）在【打印偏移（原点设置在可打印区域）】选项区域勾选【居中打印】复选框。

e）在【打印范围】下拉列表框中选择【窗口】选项，单击右侧的【窗口】按钮，在绘图区域指定住宅楼原始平面图的左上角和右下角为窗口范围。

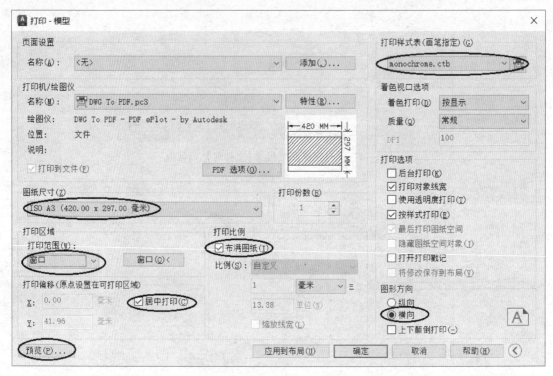

图 8-49　【打印-模型】对话框

（4）在设置完的【打印-模型】对话框中单击【预览】按钮进行预览，打印的预览效果如图 8-50 所示。

（5）如对预览结果满意，可以单击预览状态下工具栏中的打印按钮📇，弹出【浏览打印文件】对话框，设置文件的路径和文件名，单击【保存】按钮，即可将图纸输出为 PDF 格式的文件。

> **项目小结：** 本项目主要讲述了某住宅楼的原始平面图的整个绘制过程。墙体用多线命令绘制，并用多线编辑命令修改。修改"T"形相交的墙体时应注意选择墙体的顺序。门和窗先制作成块，再插入。如果在其他的图形中需要多次用到门块和窗块，可以用"wblock"命令将其定义成外部块，再用"插入块"命令插入到当前图形中。任务 8.5 叙述了图形的打印输出知识。

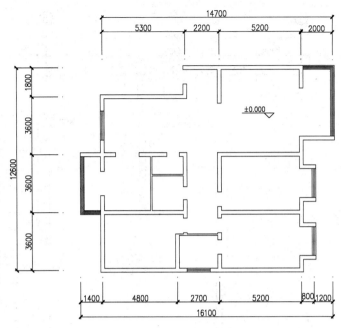

图 8-50 打印的预览效果

思考与练习

1. 思考题。

(1) 绘制一张完整的原始平面图有哪几个步骤？

(2) 在用多线命令绘制墙体之前，如何设置多线样式？

(3) 在创建和插入门和窗图形块时，对图层有何要求？

(4) 原始平面图尺寸标注一般应修改哪些设置？

2. 绘图题。

绘制如图 8-51 所示的某住宅楼原始平面图。

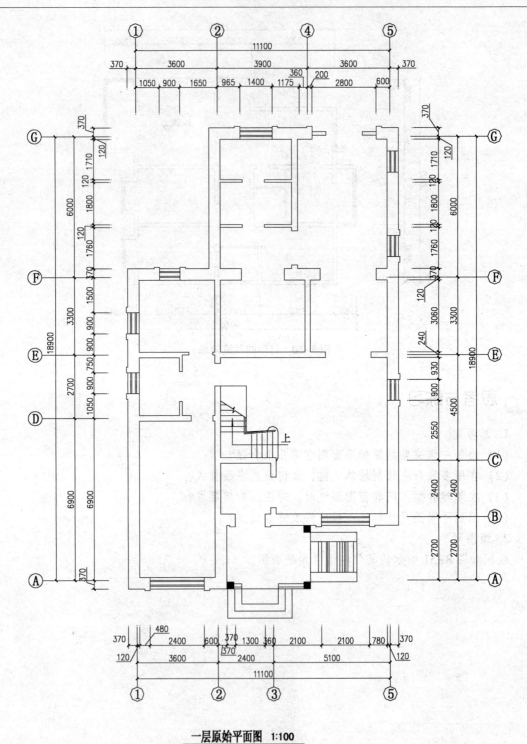

一层原始平面图 1:100

图 8-51　某住宅楼原始平面图

项目 9　绘制住宅楼平面布置图

平面布置图体现室内各空间的功能划分，对室内设施进行准确定位，能让业主非常直观地了解设计师的设计理念和设计意图，是设计师与业主沟通的桥梁。居室的功能空间通常包括玄关、客厅、厨房、餐厅、卧室、儿童房、书房、卫生间和储藏室等，根据户型的大小，功能空间也有所不同。在绘制平面布置图时，应首先调用原始平面图，根据业主要求划分功能空间，然后确定各功能空间的家具设施和摆放位置。本项目完成的住宅楼平面布置图如图 9-1 所示。

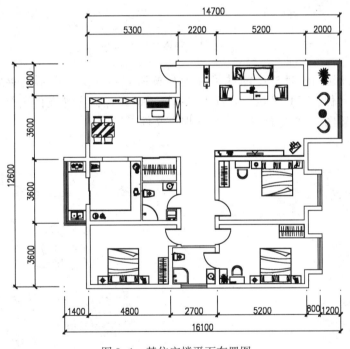

图 9-1　某住宅楼平面布置图

任务 9.1　新建图形

平面布置图的绘制可利用原始平面图中已经绘制好的墙体、窗等图形，因此不必重新绘制，只要在原始平面图的基础上修改即可。具体操作方法如下。

（1）单击快速访问工具栏中的打开按钮　，弹出【选择文件】对话框，如图 9-2 所示。在【查找范围】下拉列表框中选择原始平面图所在的路径，在【名称】列表框中选择"原始平面图"，单击【打开】按钮，打开文件。

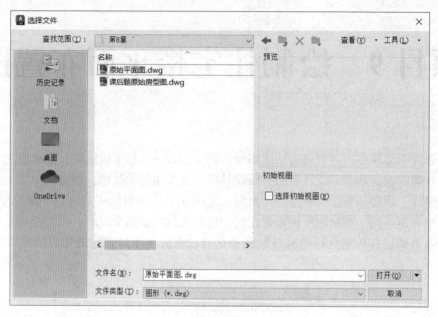

图 9-2　【选择文件】对话框

（2）单击快速访问工具栏中的【另存为】按钮　，弹出【图形另存为】对话框，如图 9-3 所示。在【保存于】下拉列表框中选择正确的路径，在【文件名】文本框中输入文件名称"平面布置图"，单击保存命令按钮保存文件。

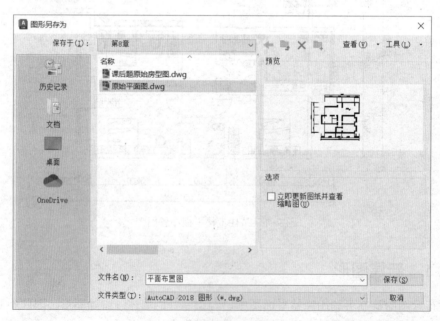

图 9-3　【图形另存为】对话框

任务9.2 绘制门

1. 绘制门图形

打开任务 9.1 存盘的文件 "平面布置图 . dwg", 将 "0" 层设置为当前层。打开正交方式, 设置对象捕捉方式为 "端点" 和 "交点" 捕捉方式。绘制如图 9-4 所示的门图形。

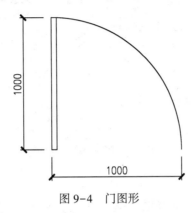

图 9-4 门图形

(1) 单击【绘图】面板中的矩形命令按钮 ▭, 命令行提示如下:

命令:_rectang
指定第一个角点或 [倒角(C)/标高(E)/圆角(F)/厚度(T)/宽度(W)]:
指定另一个角点或 [面积(A)/尺寸(D)/旋转(R)]:d   //输入 d 并回车, 选择【尺寸(D)】选项
指定矩形的长度 <10.0000>:40   //输入 40 并回车
指定矩形的宽度 <10.0000>:1000   //输入矩形宽度 1000 并回车
指定另一个角点或 [面积(A)/尺寸(D)/旋转(R)]:   //确定矩形方向

(2) 单击【绘图】面板中圆弧按钮 下侧的下三角按钮 , 选择 起点，圆心，端点【起点, 圆心, 端点】选项, 命令行提示如下:

命令:_arc 指定圆弧的起点或 [圆心(C)]:1000   //从矩形左下角点向右追踪 1000
指定圆弧的第二个点或 [圆心(C)/端点(E)]:_C 指定圆弧的圆心:
                                        //捕捉矩形左下角点为圆心
指定圆弧的端点或 [角度(A)/弦长(L)]:   //捕捉矩形左上角点

绘制结果如图 9-4 所示。

2. 创建门块

(1) 单击【块】面板中的创建块命令按钮 创建, 弹出如图 9-5 所示的【块定义】对话框。

(2) 在【名称】下拉列表框中指定块名 "门"。单击选择对象按钮 , 选择构成门块的所有对象并右击确认, 重新显示对话框, 在选项组下部显示: 已选择 2 个对象。选择【删除】单选按钮。

(3) 单击【拾取点】按钮 , 选择门块中矩形的左下角点为基点。

(4) 单击【确定】按钮, 块定义结束。

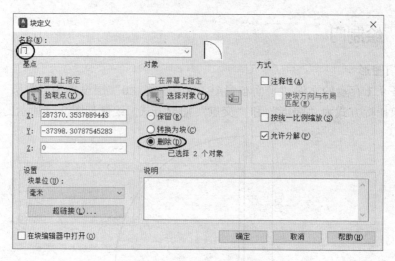

图 9-5 【块定义】对话框

3. 插入门图形块

（1）将"门窗"层设置为当前层。单击【块】面板中的插入块命令按钮，选择【最近使用的块】，弹出如图 9-6 所示的【块】对话框。

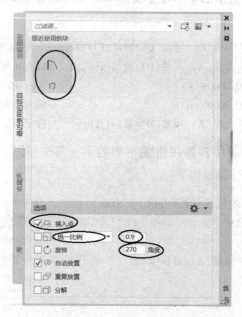

图 9-6 【块】对话框

（2）在【选项】选项卡中，选择【插入点】复选框。设置"比例"下拉列表为"统一比例"，比例为 0.9。设置【旋转】文本框为 270。

（3）单击列表中的"门"图形块，进入绘图区域，捕捉门洞口角点 A 作为插入基点插入门，结果如图 9-7 所示。

（4）采用同样做法可以插入其他不同方向和尺寸的门。对于相同尺寸的门，可以运用复制和镜像等命令绘制。其他门块绘制结果如图 9-8 所示。

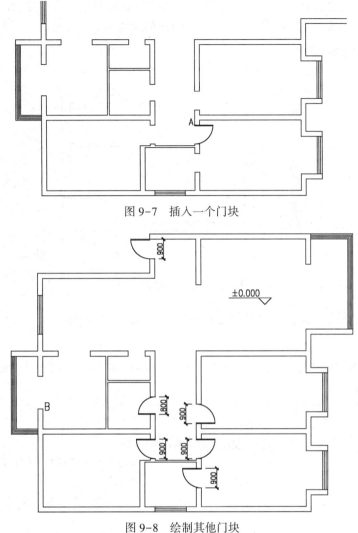

图 9-7　插入一个门块

图 9-8　绘制其他门块

4. 绘制推拉门

（1）将门窗图层设置为当前层。单击【绘图】面板中的矩形命令按钮 □，命令行提示如下：

```
命令:_rectang
指定第一个角点或 [倒角(C)/标高(E)/圆角(F)/厚度(T)/宽度(W)]:     //指定图 9-8 中 B 点
指定另一个角点或 [面积(A)/尺寸(D)/旋转(R)]:d    //输入 d 并回车,选择【尺寸(D)】选项
指定矩形的长度 <10.0000>:40                      //输入矩形长度 40 并回车
指定矩形的宽度 <10.0000>:750                     //输入矩形宽度 750 并回车
指定另一个角点或 [面积(A)/尺寸(D)/旋转(R)]:       //回车,结束命令
```

（2）单击【绘图】面板中的直线命令按钮 ∕，命令行提示：

```
命令:_line
指定第一个点:                        //捕捉矩形下边线的中点作为直线第一个点
```

指定下一点或［放弃(U)］:　　　　　　　　//捕捉矩形上边线的中点作为直线下一个点
指定下一点或［放弃(U)］:　　　　　　　　//回车,结束命令

绘制结果如图 9-9 所示。

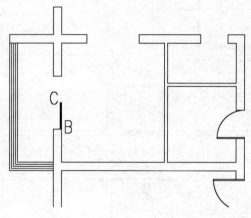

图 9-9　绘制一侧推拉门

（3）单击【修改】面板中的复制命令按钮，命令行提示如下：

命令:_copy
选择对象:指定对角点:找到 2 个　　　　　　//选择一侧推拉门的组成对象矩形和直线
选择对象:　　　　　　　　　　　　　　//回车
当前设置:　复制模式=多个
指定基点或［位移(D)/模式(O)］<位移>:
指定第二个点或［阵列(A)］<使用第一个点作为位移>:
　　　　　　　　　　　　　　　　//选择图 9-9 中矩形右下角 B 点作为基点
指定第二个点或［阵列(A)/退出(E)/放弃(U)］<退出>:
　　　　　　　　　　　　　　　　//选择图 9-9 中矩形左上角 C 点作为第二个点

复制结果如图 9-10 所示。

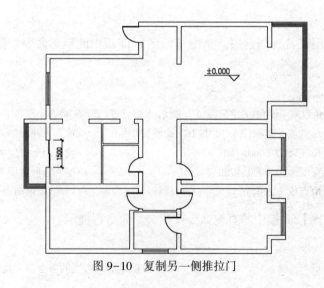

图 9-10　复制另一侧推拉门

5. 衣物间墙体改造及推拉门绘制

根据设计要求，衣物间门两侧的墙体被打通，并制作推拉门。图 9-11（a）所示为改造前的墙体，图 9-11（b）所示为改造后的墙体。

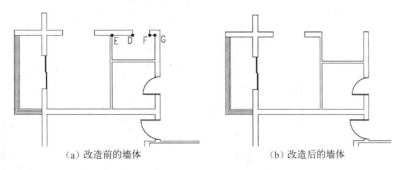

(a) 改造前的墙体　　　　　　　　　　(b) 改造后的墙体

图 9-11　衣物间改造前后墙体效果

（1）单击【修改】面板中的拉伸命令按钮，命令行提示如下：

命令:_stretch
以交叉窗口或交叉多边形选择要拉伸的对象…
选择对象:指定对角点:找到 3 个　　　　//以交叉窗口（见图 9-12）选择对象
选择对象:　　　　　　　　　　　　　　//回车
指定基点或［位移(D)]<位移>:　　　　//指定 D 点（见图 9-11）为基点
指定第二个点或 <使用第一个点作为位移>:　//指定 E 点（见图 9-11）为第二个点

拉伸结果如图 9-13 所示。

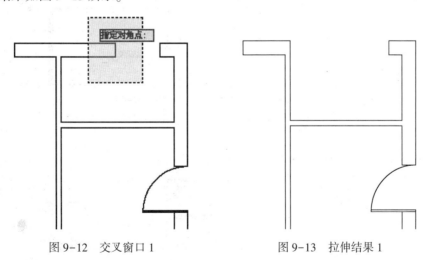

图 9-12　交叉窗口 1　　　　　　　图 9-13　拉伸结果 1

（2）再一次单击【修改】面板中的拉伸命令按钮，命令行提示如下：

命令:_stretch
以交叉窗口或交叉多边形选择要拉伸的对象…
选择对象:指定对角点:找到 3 个　　　　//以交叉窗口（见图 9-14）选择对象
选择对象:　　　　　　　　　　　　　　//回车

指定基点或［位移(D)］<位移>：　　　　　//指定 F 点(见图 9-11)为基点
指定第二个点或 <使用第一个点作为位移>：　　//指定 G 点(见图 9-11)为第二个点

拉伸结果如图 9-15 所示。

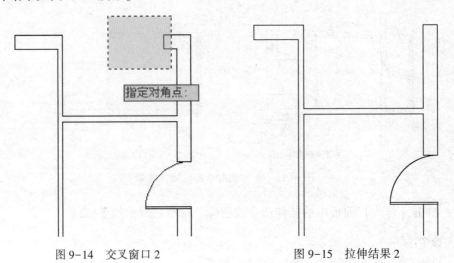

图 9-14　交叉窗口 2　　　　　　　　　　图 9-15　拉伸结果 2

（3）运用矩形命令、直线命令、复制命令等绘制衣物间的推拉门，其绘制方法与前面推拉门的绘制方法相同，这里不再重复，绘制结果如图 9-16 所示。

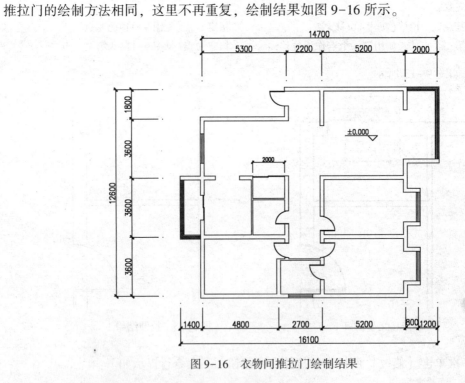

图 9-16　衣物间推拉门绘制结果

任务 9.3　绘制各空间平面布置图

绘制平面布置图需要绘制和调用各种家具设施图形，如床、桌椅、洁具等图形，通常可使用以下几种方法调用：

- 通过设计中心调用 AutoCAD 自带的模块；
- 使用 INSERT（插入块）命令调用模板中的图块；
- 复制其他 ".dwg" 文件中的图形；
- 直接复制。

子任务 9.3.1　绘制主卧室平面布置图

单击【图层】面板中的图层特性按钮，弹出【图层特性管理器】对话框。单击新建图层按钮，新建"家具"图层，图层设置如图 9-17 所示。单击置为当前按钮将"家具"图层设置为当前层。

| ✓家具 | ♀ ☼ ➞ ➲ ■白 | Continuous | —— 默认 | 0 | ➥ |

图 9-17　"家具"图层设置

1. 绘制衣柜

单击【绘图】面板中的矩形命令按钮 □，命令行提示如下：

命令:_rectang
指定第一个角点或 [倒角(C)/标高(E)/圆角(F)/厚度(T)/宽度(W)]:
　　　　　　　　　　　　　　　　　　　　//捕捉 A 点(参见图 9-18)作为矩形的第一个角点
指定另一个角点或 [面积(A)/尺寸(D)/旋转(R)]:d　　//输入 d 并回车,选择【尺寸(D)】选项
指定矩形的长度 <10.0000>:1500　　　　　　　　//输入矩形的长度 1500 并回车
指定矩形的宽度 <10.0000>:780　　　　　　　　　//输入矩形的宽度 780 并回车
指定另一个角点或 [面积(A)/尺寸(D)/旋转(R)]:　//确定矩形的方向

2. 偏移小矩形

单击【修改】面板中的偏移命令按钮，命令行提示如下：

命令:_offset
当前设置:删除源=否　图层=源　OFFSETGAPTYPE=0
指定偏移距离或 [通过(T)/删除(E)/图层(L)] <1.0000>:20　　//输入偏移距离 20 并回车
选择要偏移的对象,或 [退出(E)/放弃(U)] <退出>:　　　　//选择大矩形
指定要偏移的那一侧上的点,或 [退出(E)/多个(M)/放弃(U)] <退出>:
　　　　　　　　　　　　　　　　　　　　　　//在大矩形内部适当一点处单击,确定偏移方向
选择要偏移的对象,或 [退出(E)/放弃(U)] <退出>:　　　　//回车,结束命令

绘制结果如图 9-18 所示。

3. 绘制衣柜挂衣杆

（1）单击【绘图】面板中的直线命令按钮 ∕，命令行提示如下：

命令:_line 指定第一个点:　　　　//捕捉图 9-19 所示的中点
指定下一点或 [放弃(U)]:　　　　//捕捉图 9-20 所示的中点
指定下一点或 [放弃(U)]:　　　　//回车,结束命令

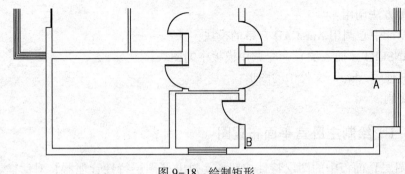

图 9-18　绘制矩形

绘制结果如图 9-21 所示。

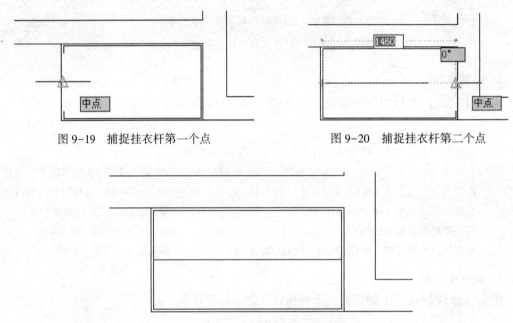

图 9-19　捕捉挂衣杆第一个点　　　　　图 9-20　捕捉挂衣杆第二个点

图 9-21　直线绘制结果

（2）单击【修改】面板中的偏移命令按钮⊑，命令行提示如下：

命令：_offset
当前设置：删除源=否　　图层=源　　OFFSETGAPTYPE=0
指定偏移距离或［通过(T)/删除(E)/图层(L)］<20.0000>：15　　　//输入偏移距离 15 并回车
选择要偏移的对象，或［退出(E)/放弃(U)］<退出>：　　　　　　//选择图 9-21 中的直线
指定要偏移的那一侧上的点，或［退出(E)/多个(M)/放弃(U)］<退出>：
　　　　　　　　　　　　　　　　　　　　　　　　　　//在直线上侧单击,确定向上偏移
选择要偏移的对象，或［退出(E)/放弃(U)］<退出>：　　　　//选择图 9-21 中的直线
指定要偏移的那一侧上的点，或［退出(E)/多个(M)/放弃(U)］<退出>：
　　　　　　　　　　　　　　　　　　　　　　　　　　//在直线下侧单击,确定向下偏移
选择要偏移的对象，或［退出(E)/放弃(U)］<退出>：　　　　//回车,结束命令

绘制结果如图 9-22 所示。

图 9-22　直线偏移结果

（3）单击【修改】面板中的删除命令按钮 ✐，命令行提示如下：

命令：_erase
选择对象：找到 1 个　　　　　　　//选择图 9-22 中间的直线
选择对象：　　　　　　　　　　//回车，结束命令

删除后的图形如图 9-23 所示。

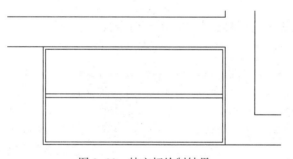

图 9-23　挂衣杆绘制结果

4. 绘制衣架

（1）运用直线命令绘制线段表示衣架，结果如图 9-24 所示。运用复制命令复制若干个衣架，结果如图 9-25 所示。

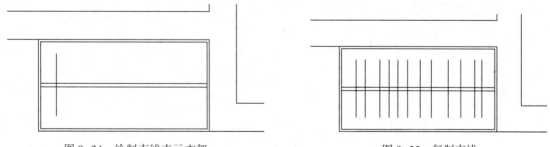

图 9-24　绘制直线表示衣架　　　　　　　　图 9-25　复制直线

（2）运用旋转命令随意旋转衣架，使之产生不规则感，结果如图 9-26 所示。

5. 绘制五斗橱

（1）单击【绘图】面板中的矩形命令按钮 ▢，命令行提示如下：

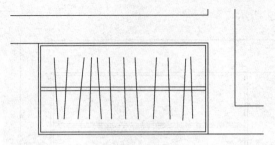

图 9-26　旋转直线

命令:_rectang

指定第一个角点或 [倒角(C)/标高(E)/圆角(F)/厚度(T)/宽度(W)]:

　　　　　　　　　　　　　　　　　//捕捉 B 点(见图 9-18)作为矩形的第一个角点

指定另一个角点或 [面积(A)/尺寸(D)/旋转(R)]:d

　　　　　　　　　　　　　　　　　//输入 d 并回车,选择【尺寸(D)】选项

指定矩形的长度 <10.0000>:450　　　　　//输入矩形的长度 450 并回车

指定矩形的宽度 <10.0000>:850　　　　　//输入矩形的宽度 850 并回车

指定另一个角点或 [面积(A)/尺寸(D)/旋转(R)]:　　//B 点右上方单击

（2）偏移小矩形。

单击【修改】面板中的偏移命令按钮⋐，命令行提示如下:

命令:_offset

当前设置:删除源=否　图层=源　OFFSETGAPTYPE=0

指定偏移距离或 [通过(T)/删除(E)/图层(L)] <1.0000>:20　　//输入偏移距离 20 并回车

选择要偏移的对象,或 [退出(E)/放弃(U)] <退出>:　　　　//选择大矩形

指定要偏移的那一侧上的点,或 [退出(E)/多个(M)/放弃(U)] <退出>:

　　　　　　　　　　　　　　　　　//在大矩形内部适当一点处单击,确定偏移方向

选择要偏移的对象,或 [退出(E)/放弃(U)] <退出>:　　　//回车,结束命令

绘制结果如图 9-27 所示。

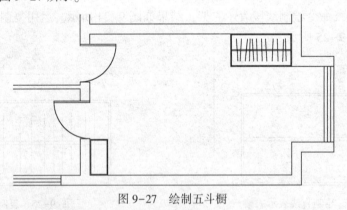

图 9-27　绘制五斗橱

6. 绘制梳妆台和洗面盆台面

运用矩形命令和偏移命令在适当位置绘制梳妆台和洗面盆台面，绘制结果如图 9-28 所示。

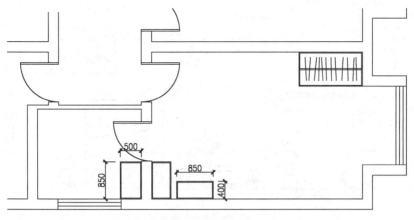

图 9-28　绘制梳妆台和洗面盆台面

7. 插入图块

（1）单击快速访问工具栏中的打开按钮 ，弹出【选择文件】对话框。在【查找范围】下拉列表框中选择"床.dwg"所在的路径，在【名称】列表框中选择"床.dwg"，单击【打开】按钮，打开文件。

（2）选择菜单栏中的【编辑】|【全部选择】命令，选择组成床的所有对象。

（3）选择菜单栏中的【编辑】|【带基点复制】命令，指定床的右下角点为基点，则床的所有对象被复制到剪贴板上。

（4）单击【窗口】菜单，选择"平面布置图"，将窗口切换到"平面布置图.dwg"。选择菜单栏中的【编辑】|【粘贴】命令，将床复制到合适位置，结果如图 9-29 所示。

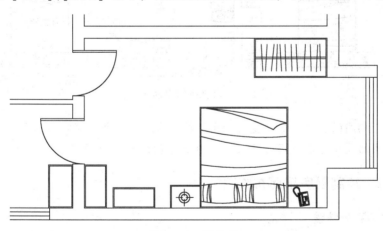

图 9-29　插入床

（5）主卧室还需插入椅子、坐便器、洗手盆、浴室和装饰物中的相应物品，可采用同样方法加以绘制。如果插入的对象与房间的比例不协调，可以运用修改面板中的缩放命令进行缩放，也可以运用移动命令调整位置。插入图块的效果图如图 9-30 所示。

8. 其他卧室平面布置图

其他两个卧室平面布置图的绘制方法与主卧室基本相同，这里不再重复。其他卧室平面布置图如图 9-31 所示。

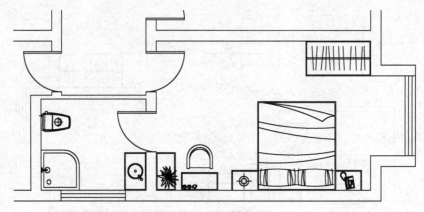

图 9-30 主卧室平面布置图

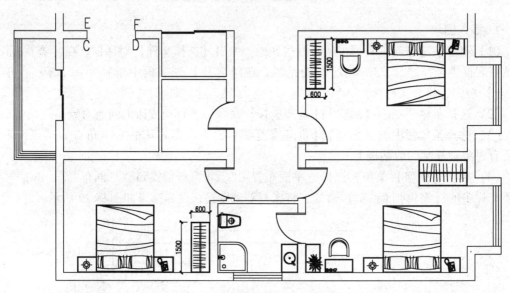

图 9-31 其他卧室平面布置图

注意：对于相同的图块，如卧室中的床、梳妆台、椅子等，可以运用复制、镜像等命令复制而成。图块的大小可以运用【修改】工具栏中的缩放命令调整。

子任务 9.3.2 绘制厨房平面布置图

1. 绘制过门石分隔线

由于厨房与餐厅之间的墙体是打通的，根据设计要求，不需绘制门，因此只需画出过门石分隔线即可。

单击【绘图】面板中的直线命令按钮 ╱，命令行提示如下：

```
命令：_line 指定第一个点：              //捕捉 C 点(见图 9-31)
指定下一点或［放弃(U)］：              //捕捉 D 点(见图 9-31)
指定下一点或［放弃(U)］：              //回车,结束命令
```

直接回车，输入上一次命令直线命令，命令行提示如下：

命令:_line 指定第一个点:　　　　　　//捕捉 E 点(见图 9-31)

　　指定下一点或〔放弃(U)〕:　　　　//捕捉 F 点(见图 9-31)

　　指定下一点或〔放弃(U)〕:　　　　//回车,结束命令

绘制结果如图 9-32 所示。

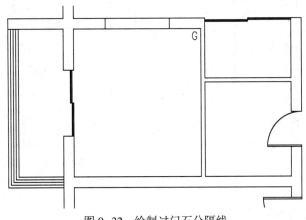

图 9-32　绘制过门石分隔线

2. 绘制橱柜台面

橱柜的位置、尺寸参数应合理设置,橱柜的宽度应为 540~600 mm,并应留出足够的空间放置诸如冰箱等电器用品。

(1) 单击【绘图】面板中的直线命令按钮✐,命令行提示如下:

　　命令:_line 指定第一个点:600　　　//从墙的内角点 G 点(见图 9-32)水平向左追踪 600

　　指定下一点或〔放弃(U)〕:2760　　//沿垂直向下方向输入距离 2760 并回车

　　指定下一点或〔放弃(U)〕:　　　　//沿水平向左方向与墙体相交,在交点处单击

　　指定下一点或〔闭合(C)/放弃(U)〕://回车,结束命令

绘制结果如图 9-33 所示。

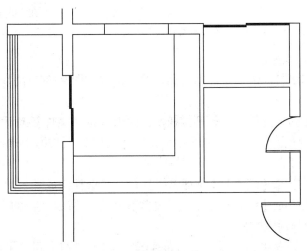

图 9-33　绘制橱柜台面

（2）运用偏移命令向内复制图 9-33 中的橱柜线，偏移距离为 25。运用修剪命令修改偏移出的线段，结果如图 9-34 所示。

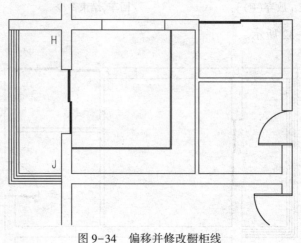

图 9-34　偏移并修改橱柜线

3. 绘制灶台和洗涤槽台面

（1）单击【绘图】面板中的直线命令按钮 ╱，命令行提示如下：

命令：_line 指定第一个点：600　　　　　　　//沿 H 点（见图 9-34）垂直向下追踪 600
指定下一点或［放弃（U）］：　　　　　　　//沿水平向左方向与窗线取交点
指定下一点或［放弃（U）］：　　　　　　　//回车，结束命令

（2）单击【修改】面板中的偏移命令按钮 ⊆，命令行提示如下：

命令：_offset
当前设置：删除源=否　图层=源　OFFSETGAPTYPE=0
指定偏移距离或［通过（T）/删除（E）/图层（L）］<20.0000>：25　　//输入偏移距离 25 并回车
选择要偏移的对象，或［退出（E）/放弃（U）］<退出>：　　　//选择刚刚绘制的直线
指定要偏移的那一侧上的点，或［退出（E）/多个（M）/放弃（U）］<退出>：
　　　　　　　　　　　　　　　　　　　//在直线上侧单击，确定向上偏移
选择要偏移的对象，或［退出（E）/放弃（U）］<退出>：　　　//回车，结束命令

绘制结果如图 9-35 所示。

（3）采用同样方法可以绘制洗涤槽台面，绘制结果如图 9-36 所示。

4. 插入图块

（1）单击快速访问工具栏中的打开按钮 ▭，弹出【选择文件】对话框。在【查找范围】下拉列表框中选择"灶台.dwg"所在的路径，在【名称】列表框中选择"灶台.dwg"，单击【打开】按钮，打开文件。

（2）选择菜单栏中的【编辑】|【全部选择】命令，选择组成灶台的所有对象。

（3）选择菜单栏中的【编辑】|【带基点复制】命令，指定灶台的右下角点为基点，则灶台的所有对象被复制到剪贴板上。

（4）单击【窗口】菜单，选择"平面布置图"，将窗口切换到"平面布置图.dwg"。选择菜单栏中的【编辑】|【粘贴】命令，将灶台复制到合适位置，结果如图 9-37 所示。

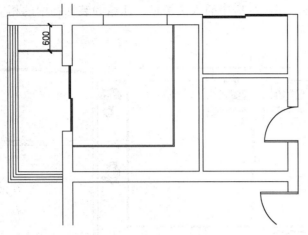

图 9-35 绘制灶台台面

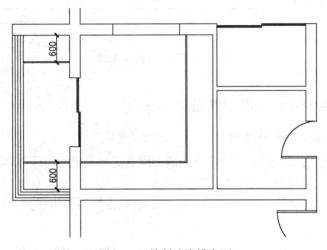

图 9-36 绘制洗涤槽台面

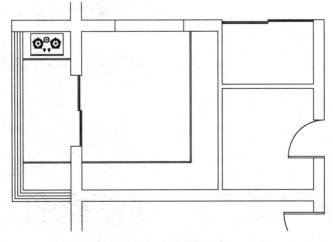

图 9-37 复制灶台

（5）采用同样方法可在厨房中插入洗涤槽、冰箱和装饰物中的相应物品。插入图块的效果图如图 9-38 所示。

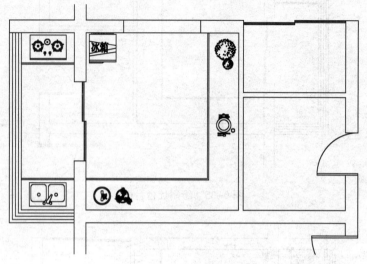

图 9-38　厨房平面布置图

子任务 9.3.3　绘制客厅平面布置图

1. 绘制门厅与客厅之间的隔断

由于门厅与客厅之间需要做一个装饰隔断，因此需要先删除门厅与客厅之间的墙体，然后再运用矩形命令、直线命令等绘制装饰隔断。

（1）单击【修改】面板中的删除命令按钮 ，命令行提示如下：

```
命令:_erase
选择对象:指定对角点:找到 3 个          //选择门厅与客厅之间的墙体
选择对象:指定对角点:找到 1 个          //选择地面标高标注
选择对象:                             //回车,结束命令
```

绘制结果如图 9-39 所示。

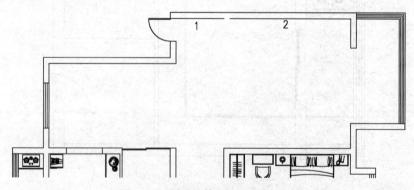

图 9-39　删除墙体和地面标高标注

（2）单击【修改】面板中的合并命令按钮 ，命令行提示如下：

命令：_join

选择源对象或要一次合并的多个对象：找到 1 个　　　　//选择直线 1

选择要合并的对象：找到 1 个,总计 2 个　　　　　　//选择直线 2

选择要合并的对象：　　　　　　　　　　　　　　//回车,结束命令

2 个对象已转换为 1 条多段线　　　　　　　　　　//合并完成

合并结果如图 9-40 所示。

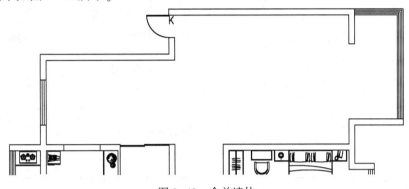

图 9-40　合并墙体

（3）绘制装饰隔断。

① 单击【绘图】面板中的直线命令按钮 ，命令行提示如下：

命令：_line 指定第一个点：1600　　　　　　　　//沿墙角点 K 水平向右追踪 1600

指定下一点或 ［放弃(U)］：950　　　　　　　　//沿垂直向下方向输入距离 950 并回车

指定下一点或 ［放弃(U)］：320　　　　　　　　//沿水平向右方向输入距离 320 并回车

指定下一点或 ［闭合(C)/放弃(U)］：　　　　　　//沿垂直向上方向取与外墙的交点

指定下一点或 ［闭合(C)/放弃(U)］：　　　　　　//回车,结束命令

② 单击【修改】面板中的偏移命令按钮 ，命令行提示如下：

命令：_offset

当前设置：删除源=否　图层=源　OFFSETGAPTYPE=0

指定偏移距离或 ［通过(T)/删除(E)/图层(L)］<20.0000>:25　　//输入偏移距离 25 并回车

选择要偏移的对象,或 ［退出(E)/放弃(U)］<退出>:　　　//选择左侧的垂直线

指定要偏移的那一侧上的点,或 ［退出(E)/多个(M)/放弃(U)］<退出>:

　　　　　　　　　　　　　　　　　　　//在直线右侧单击,确定向右偏移

选择要偏移的对象,或 ［退出(E)/放弃(U)］<退出>:　　　//选择右侧的垂直线

指定要偏移的那一侧上的点,或 ［退出(E)/多个(M)/放弃(U)］<退出>:

　　　　　　　　　　　　　　　　　　　//在直线左侧单击,确定向左偏移

选择要偏移的对象,或 ［退出(E)/放弃(U)］<退出>:　　　//回车,结束命令

绘制结果如图 9-41 所示。

③ 单击【绘图】面板中的矩形命令按钮 ，命令行提示如下：

命令：_rectang

指定第一个角点或 ［倒角(C)/标高(E)/圆角(F)/厚度(T)/宽度(W)］:　//捕捉 L 点（见图 9-41）

指定另一个角点或［面积(A)/尺寸(D)/旋转(R)]:d	//输入 d 并回车,选择【尺寸(D)】选项
指定矩形的长度 <10.0000>:320	//输入矩形的长度 320 并回车
指定矩形的宽度 <10.0000>:230	//输入矩形的宽度 230 并回车
指定另一个角点或［面积(A)/尺寸(D)/旋转(R)]:	//在 L 点右下方单击

绘制结果如图 9-42 所示。

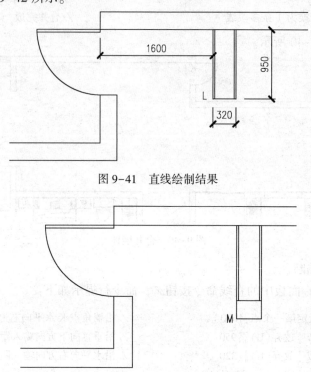

图 9-41　直线绘制结果

图 9-42　矩形绘制结果

④ 直接回车，输入矩形命令，命令行提示如下：

命令:_rectang
指定第一个角点或［倒角(C)/标高(E)/圆角(F)/厚度(T)/宽度(W)]:_from 基点:<偏移>:
@ 125,50
　　//按住 Shift 键并右击,弹出对象捕捉快捷菜单,选择【自】选项,捕捉 M 点(见图 9-42)作为
　　//基点,输入相对坐标"@ 125,50"并回车

指定另一个角点或［面积(A)/尺寸(D)/旋转(R)]:d	//输入 d 并回车,选择【尺寸(D)】选项
指定矩形的长度 <310.0000>:70	//输入矩形的长度 70 并回车
指定矩形的宽度 <230.0000>:70	//输入矩形的宽度 70 并回车
指定另一个角点或［面积(A)/尺寸(D)/旋转(R)]:	//回车,结束命令

⑤ 单击【修改】面板中的复制命令按钮 ，命令行提示如下：

命令:_copy	
选择对象:找到 1 个	//选择刚刚绘制的小矩形
选择对象:	//回车,结束对象选择状态
当前设置:　复制模式=多个	

指定基点或[位移(D)/模式(O)] <位移>: 　　　　//在绘图区内适当指定一点作为基点
指定第二个点或 [阵列(A)]<使用第一个点作为位移>:170
　　　　　　　　　　　　　　　　　　　　　//沿垂直向下方向输入距离170并回车
指定第二个点或 [阵列(A)/退出(E)/放弃(U)] <退出>: 　//回车,结束命令

绘制结果如图 9-43 所示。

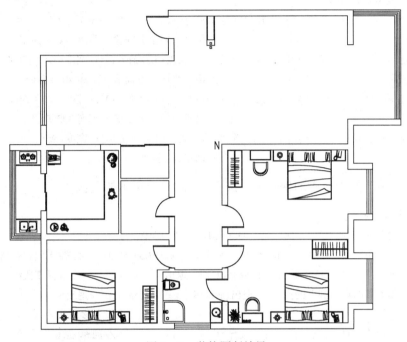

图 9-43　装饰隔断效果

2. 绘制电视背景墙和电视柜

（1）绘制电视背景墙。

单击【绘图】面板中的直线命令按钮✐，命令行提示如下：

命令:_line 指定第一个点: 　　　　　　//捕捉 N 点(见图 9-43)
指定下一点或 [放弃(U)]:45 　　　　　//沿垂直向上方向输入距离45确定 O 点
指定下一点或 [放弃(U)]:5200 　　　　//沿水平向右方向输入距离5200并回车
指定下一点或 [闭合(C)/放弃(U)]: 　　//回车,结束命令

绘制结果如图 9-44 所示。

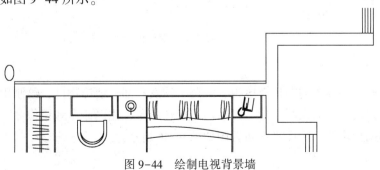

图 9-44　绘制电视背景墙

（2）绘制电视柜。

① 单击【绘图】面板中的多段线命令按钮 ，命令行提示如下：

命令：_pline

指定起点： //捕捉 O 点

当前线宽为 0.0000

指定下一个点或［圆弧（A）/半宽（H）/长度（L）/放弃（U）/宽度（W）］：300

//沿垂直向上方向输入距离 300 并回车

指定下一点或［圆弧（A）/闭合（C）/半宽（H）/长度（L）/放弃（U）/宽度（W）］：4000

//沿水平向右方向输入距离 4000 并回车

指定下一点或［圆弧（A）/闭合（C）/半宽（H）/长度（L）/放弃（U）/宽度（W）］：300

//沿垂直向下方向输入距离 300 并回车

指定下一点或［圆弧（A）/闭合（C）/半宽（H）/长度（L）/放弃（U）/宽度（W）］：

//回车，结束命令

② 单击【修改】面板中的偏移命令按钮 ，命令行提示如下：

命令：_offset

当前设置：删除源=否 图层=源 OFFSETGAPTYPE=0

指定偏移距离或［通过（T）/删除（E）/图层（L）］<20.0000>：20 //输入偏移距离 20 并回车

选择要偏移的对象，或［退出（E）/放弃（U）］<退出>： //选择多段线

指定要偏移的那一侧上的点，或［退出（E）/多个（M）/放弃（U）］<退出>：

//在多段线内部单击，确定向内偏移

选择要偏移的对象，或［退出（E）/放弃（U）］<退出>： //回车，结束命令

绘制结果如图 9-45 所示。

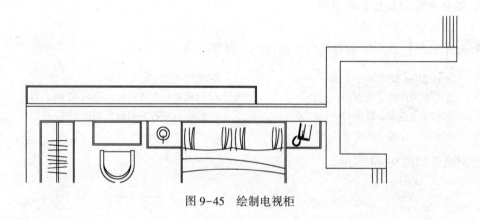

图 9-45 绘制电视柜

3. 插入图块

绘制客厅时需要插入的图块有电视、空调、沙发和部分装饰物件，绘制阳台时需要插入椅子和茶几等图块。在插入图块后，可以运用旋转命令、比例命令和镜像命令等，使之大小和比例等与房间相协调。客厅平面布置图如图 9-46 所示。

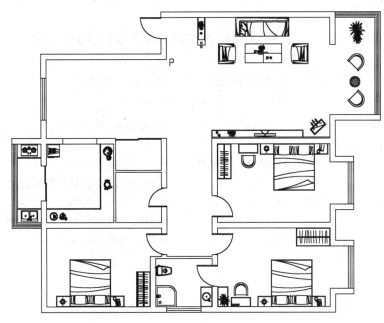

图 9-46 客厅平面布置图

子任务 9.3.4 绘制餐厅平面布置图

1. 绘制客厅与餐厅之间的隔断

根据设计要求，客厅与餐厅之间需做一隔断。

单击【绘图】面板中的直线命令按钮，命令行提示如下：

命令：_line 指定第一个点： //捕捉 P 点(见图 9-46)
指定下一点或［放弃(U)］:1400 //沿垂直向下方向输入距离 1400 并回车
指定下一点或［放弃(U)］:300 //沿水平向左方向输入距离 300 并回车
指定下一点或［闭合(C)/放弃(U)］: //沿垂直向上方向取与外墙的交点
指定下一点或［闭合(C)/放弃(U)］: //回车,结束命令

运用直线命令连接所画隔断的对角点，完成后的客厅与餐厅隔断如图 9-47 所示。

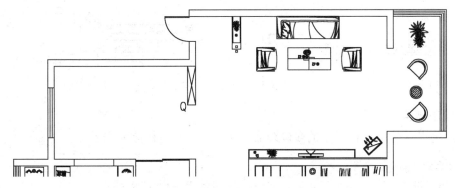

图 9-47 绘制客厅与餐厅隔断

2. 绘制台阶

由于餐厅面积比较大，因此制作二级台阶隔出一部分空间用于摆放钢琴。

（1）绘制地面分隔线。

单击【绘图】面板中的多段线命令按钮 ⌐⌐，命令行提示如下：

命令：_pline
指定起点：　　　　　　　　　　　　　　　//捕捉 Q 点（见图 9-47）
当前线宽为 0.0000
指定下一个点或［圆弧(A)/半宽(H)/长度(L)/放弃(U)/宽度(W)］：2200
　　　　　　　　　　　　　　//沿水平向左方向输入距离 2200 并回车
指定下一点或［圆弧(A)/闭合(C)/半宽(H)/长度(L)/放弃(U)/宽度(W)］：
　　　　　　　　　　　　　　//沿垂直向上方向取与外墙的交点
指定下一点或［圆弧(A)/闭合(C)/半宽(H)/长度(L)/放弃(U)/宽度(W)］：
　　　　　　　　　　　　　　//回车，结束命令

（2）绘制台阶。

单击【修改】面板中的偏移命令按钮 ⊂⊂，命令行提示如下：

命令：_offset
当前设置：删除源＝否　图层＝源　OFFSETGAPTYPE＝0
指定偏移距离或［通过(T)/删除(E)/图层(L)］＜通过＞： 150　//输入偏移距离 150 并回车
选择要偏移的对象，或［退出(E)/放弃(U)］＜退出＞：　　　　//选择刚刚绘制的多段线
指定要偏移的那一侧上的点，或［退出(E)/多个(M)/放弃(U)］＜退出＞：
　　　　　　　　　　　　　　//在上方单击，确定向上偏移
选择要偏移的对象，或［退出(E)/放弃(U)］＜退出＞：　　　　//回车，结束命令

绘制结果如图 9-48 所示。

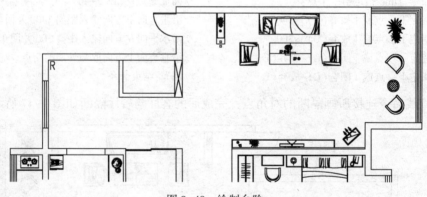

图 9-48　绘制台阶

3. 绘制酒柜

（1）单击【绘图】面板中的多段线命令按钮 ⌐⌐，命令行提示如下：

命令：_pline
指定起点：　　　　　　　　　　　　　　　//捕捉 R 点（见图 9-48）
当前线宽为 0.0000

指定下一个点或［圆弧(A)/半宽(H)/长度(L)/放弃(U)/宽度(W)］:350

//沿垂直向下方向输入距离350并回车

指定下一点或［圆弧(A)/闭合(C)/半宽(H)/长度(L)/放弃(U)/宽度(W)］:850

//沿水平向右方向输入距离850并回车

指定下一点或［圆弧(A)/闭合(C)/半宽(H)/长度(L)/放弃(U)/宽度(W)］:

//沿垂直向上方向取与外墙的交点

指定下一点或［圆弧(A)/闭合(C)/半宽(H)/长度(L)/放弃(U)/宽度(W)］:

//回车,结束命令

(2) 单击【修改】面板中的偏移命令按钮⊂，命令行提示如下：

命令:_offset

当前设置:删除源=否　图层=源　OFFSETGAPTYPE=0

指定偏移距离或［通过(T)/删除(E)/图层(L)］＜通过＞:　20　　//输入偏移距离20并回车

选择要偏移的对象,或［退出(E)/放弃(U)］＜退出＞:　　　　//选择刚刚绘制的多段线

指定要偏移的那一侧上的点,或［退出(E)/多个(M)/放弃(U)］＜退出＞:

//在多段线内部单击,确定向内偏移

选择要偏移的对象,或［退出(E)/放弃(U)］＜退出＞:　　　//回车,结束命令

运用直线命令连接内部多段线的对角点，结果如图9-49所示。

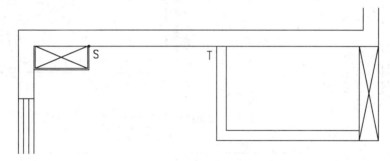

图9-49　绘制一侧酒柜

(3) 单击【修改】面板中的复制命令按钮，命令行提示如下：

命令:_copy

选择对象:指定对角点:找到4个　　　　　　　　　　//选择一侧酒柜

选择对象:　　　　　　　　　　　　　　　　　　　//回车

当前设置:　复制模式=多个

指定基点或［位移(D)/模式(O)］＜位移＞:　　　　　//捕捉S点(见图9-49)

指定第二个点或[阵列(A)]＜使用第一个点作为位移＞:　　//捕捉T点(见图9-49)

指定第二个点或［阵列(A)/退出(E)/放弃(U)］＜退出＞:　//回车

复制结果如图9-50所示。

(4) 运用直线命令绘制酒柜中间部分，结果如图9-51所示。

4. 插入图块

绘制餐厅时需要插入的图块有餐桌椅、钢琴和部分装饰物，插入图块后的效果如图9-52所示。

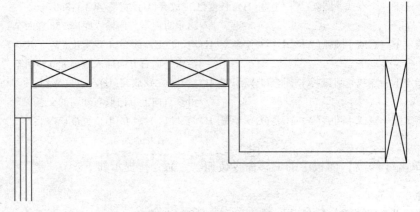

图 9-50　复制另一侧酒柜

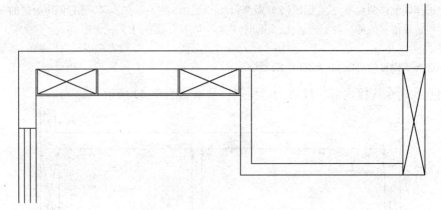

图 9-51　绘制酒柜中间部分

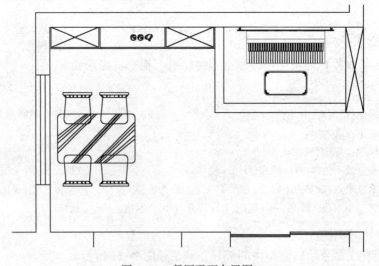

图 9-52　餐厅平面布置图

子任务9.3.5 绘制卫生间和衣物间平面布置图

1. 绘制洗手盆架

（1）单击【绘图】面板中的多段线命令按钮⤳，命令行提示如下：

命令：_pline
指定起点：810   //从U点(见图9-53)左追踪810作为多段线的起点
当前线宽为0.0000
指定下一个点或[圆弧(A)/半宽(H)/长度(L)/放弃(U)/宽度(W)]:450
         //沿垂直向下方向输入距离450并回车
指定下一点或[圆弧(A)/闭合(C)/半宽(H)/长度(L)/放弃(U)/宽度(W)]:810
         //沿水平向右方向输入距离810并回车
指定下一点或[圆弧(A)/闭合(C)/半宽(H)/长度(L)/放弃(U)/宽度(W)]:
         //回车,结束命令

（2）单击【修改】面板中的偏移命令按钮⊏，命令行提示如下：

命令：_offset
当前设置:删除源=否 图层=源 OFFSETGAPTYPE=0
指定偏移距离或[通过(T)/删除(E)/图层(L)]<通过>: 20 //输入偏移距离20并回车
选择要偏移的对象,或[退出(E)/放弃(U)]<退出>:   //选择刚刚绘制的多段线
指定要偏移的那一侧上的点,或[退出(E)/多个(M)/放弃(U)]<退出>:
         //在右上方单击,确定向右上方偏移
选择要偏移的对象,或[退出(E)/放弃(U)]<退出>:   //回车,结束命令

绘制结果如图9-53所示。

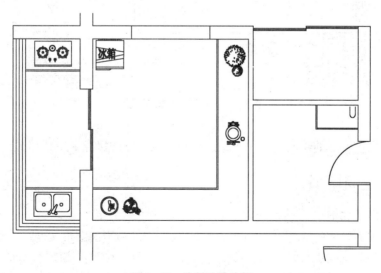

图9-53 绘制洗手盆架

2. 插入图块
绘制卫生间时需要插入洗手盆、浴室、洗衣机和坐便器，结果如图9-54所示。

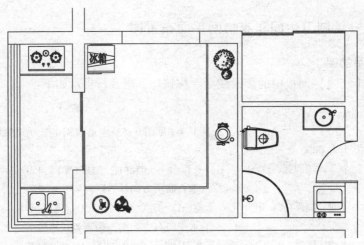

图 9-54　卫生间平面布置图

3. 绘制衣物间

衣物间主要用于放置衣物,绘制结果如图 9-55 所示。其绘制方法与前面相同,这里不再赘述。

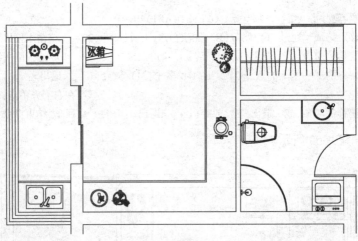

图 9-55　衣物间平面布置图

4. 保存文件

在完成平面布置图的绘制后,单击快速访问工具栏中的保存命令按钮，保存文件。

任务9.4　打印输出

打印输出步骤如下。

(1) 打开前面绘制完成的"平面布置图.dwg"文件为当前图形文件。

(2) 单击快速访问工具栏中的打印命令按钮，弹出【打印-模型】对话框。

(3) 在【打印-模型】对话框中的【打印机/绘图仪】选项区域中的【名称】下拉列表框中选择系统所使用的绘图仪类型,本任务中选择任务 8.5 中存盘的"DWG To PDF.pc3"型号的绘图仪作为当前绘图仪。

(4) 在【图纸尺寸】选项区域中的【图纸尺寸】下拉列表框内选择"ISO A3(420.00 x

297.00 毫米)"图纸尺寸。

（5）在【打印比例】选项区域内勾选【布满图纸】复选框。

（6）在【图形方向】选项区域内勾选【横向】复选框。

（7）在【打印样式表（画笔指定）】选项区域内选择"monochrome.ctb"样式表。

（8）在【打印偏移（原点设置在可打印区域）】选项区域勾选【居中打印】复选框。

（9）在【打印范围】下拉列表框中选择【窗口】选项，单击右侧的【窗口】按钮，在绘图区域指定住宅楼平面布置图的左上角和右下角为窗口范围。

（10）在设置完的【打印-模型】对话框中单击【预览】按钮进行预览，打印的预览效果如图 9-56 所示。

（11）如对预览结果满意，可以单击预览状态下工具栏中的打印按钮，弹出【浏览打印文件】对话框，设置文件的路径和文件名，单击【保存】按钮，即可将图纸输出为 PDF 格式的文件。

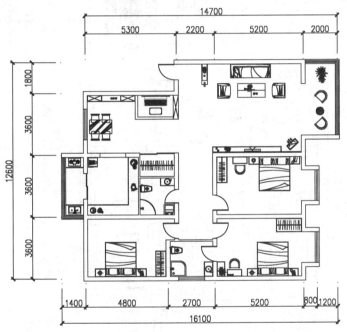

图 9-56　打印的预览效果

项目小结： 本项目着重介绍了绘制平面布置图的一般方法，并利用 AutoCAD 2024 绘制了一幅完整的平面布置图。平面布置图的绘制可利用原始平面图中已经绘制好的墙体、窗等图形，因此不必重新绘制，只要在原始平面图的基础上修改即可。平面布置图主要反映室内的布局和室内家具的位置，对于床、沙发、冰箱、坐便器等，可以直接调用现有的图形，而门、书柜、橱柜等可以直接绘制。

思考与练习

1. 思考题。

（1）平面布置图主要反映哪些内容？

（2）调用床、沙发等图块常用的方法有哪些？

（3）绘制门时有何技巧？

2. 绘图题。

绘制如图 9-57 所示的某住宅楼平面布置图。

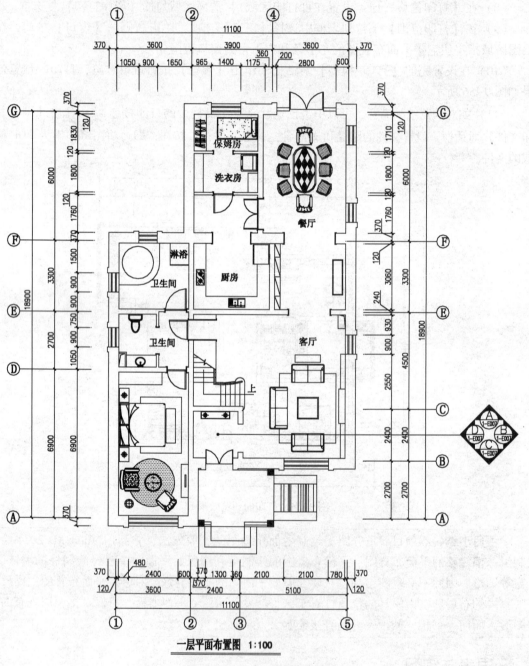

一层平面布置图 1:100

图 9-57 某住宅楼平面布置图

项目 10 绘制住宅楼地面材料图

地面材料图表明地面所使用的材料和固定于地面的设备和设施，反映室内地面的用材和形式。当地面材料比较简单时，可以在平面布置图中标注材料、规格，而当地面材料较复杂时，需单独绘制地面材料图。在绘制地面材料图时，应首先调用平面布置图，删除室内的家具和陈设，然后根据设计要求绘制各空间地面材料图。本项目完成的住宅楼地面材料图如图 10-1 所示。

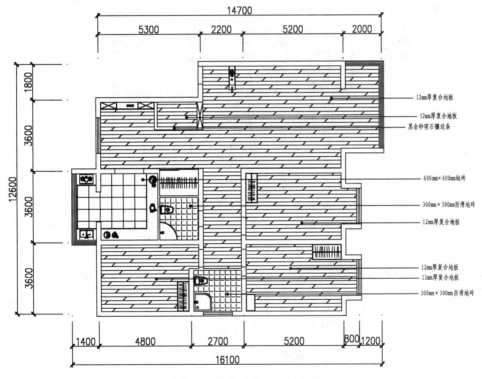

图 10-1　某住宅楼地面材料图

任务 10.1　新建图形

地面材料图的绘制可利用平面布置图中已经绘制好的墙体、门、窗及其他固定设备和设施等图形，因此不必重新绘制，只要在平面布置图的基础上修改即可。具体操作方法如下。

（1）单击快速访问工具栏中的打开按钮📂，弹出【选择文件】对话框。在【查找范围】下拉列表框中选择平面布置图所在的路径，在【名称】列表框中选择"平面布置图.dwg"，单击【打开】按钮，打开文件。

（2）单击快速访问工具栏中的另存为按钮💾，弹出【图形另存为】对话框。在【保存于】下拉列表框中选择正确的路径，在【文件名】文本框中输入文件名称"地面材料图"，单击保存命令按钮保存文件。

（3）因为固定于地面的设备和设施所在的地方不需要铺设地面材料，因此保留图中的酒柜、衣柜等设备和设施，而床、沙发等所在的地方需要铺设地面材料，因此删除床、沙发等，结果如图 10-2 所示。

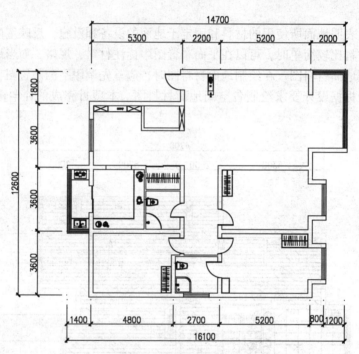

图 10-2　删除所在地方需要铺设地面材料的陈设

任务 10.2　绘制分隔线

1. 将"细实线"图层设置为当前层

"细实线"图层设置如图 10-3 所示。

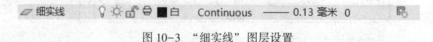

图 10-3　"细实线"图层设置

2. 绘制分隔线

运用删除命令删除图中相应的门，并运用直线命令在门的入口处绘制分隔线，绘制结果如图 10-4 所示。

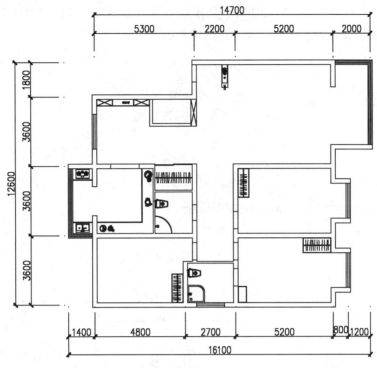

图 10-4　绘制分隔线

任务 10.3　绘制卧室地面材料图

卧室的地面一般用木地板铺设，因为木地板具有一定的弹性和温暖感，也可以铺满地毯，给人以亲切、温馨的感觉。本任务中，卧室铺设 12 mm 厚复合地板。

1. 绘制主卧室地面材料图

（1）单击【绘图】面板中的图案填充命令按钮，弹出【图案填充创建】选项卡，如图 10-5 所示。

图 10-5　【图案填充创建】选项卡

（2）单击【图案填充创建】选项卡【图案】面板右下角的下三角按钮，将显示 AutoCAD 中所有的填充图案，从中选择"DOLMIT"填充图案。

（3）设置图案填充角度为 0。

（4）设置填充图案比例为 30。

（5）单击【原点】选项卡的下三角按钮，设置图案填充原点为"左下"对齐方式，如

图 10-6 所示。单击【拾取点】按钮，依次在将要填充图案的主卧室封闭图形内部单击。
单击【关闭图案填充创建】按钮。填充后的图形如图 10-7 所示。

图 10-6　设置图案填充原点

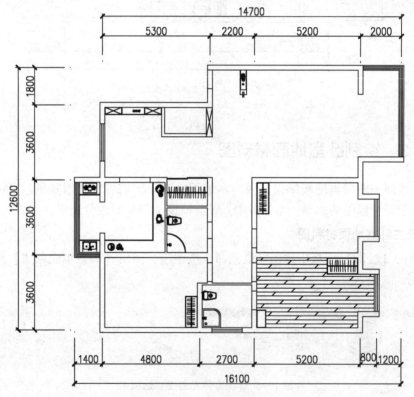

图 10-7　填充效果

2. 绘制其他两个卧室、客厅、餐厅和过廊的地面材料

　　其他两个卧室、客厅、餐厅和过廊均采用 12 mm 厚复合地板铺设地面，其绘制方法与主
卧室相同，结果如图 10-8 所示。

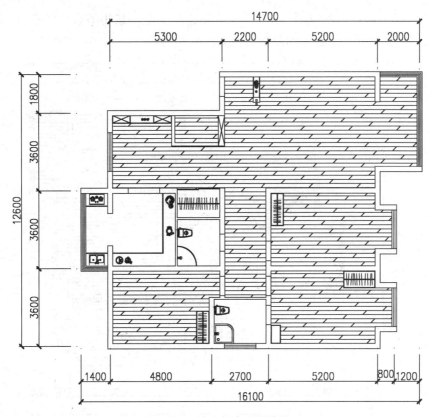

图 10-8　填充复合地板效果

任务 10.4　绘制卫生间和厨房地面材料图

卫生间和厨房地面通常使用大理石或防滑地砖铺设，它们的优点是便于清洗，不易沾染油污。本任务中，卫生间地面铺设 300 mm×300 mm 防滑地砖，厨房地面铺设 600 mm×600 mm 地砖。

1. 绘制卫生间地面材料图

步骤如下。

（1）单击【绘图】面板中的图案填充命令按钮，弹出【图案填充创建】选项卡，如图 10-9 所示。

图 10-9　【图案填充创建】选项卡

（2）单击【图案填充创建】选项卡【图案】面板右下角的下三角按钮，将显示 AutoCAD 中所有的填充图案，从中选择 "ANGLE" 填充图案。

（3）设置图案填充角度为 0。

（4）设置填充图案比例为 40。

（5）单击【原点】选项卡的下三角按钮，设置图案填充原点为 "右上" 对齐方式。

（6）单击【拾取点】按钮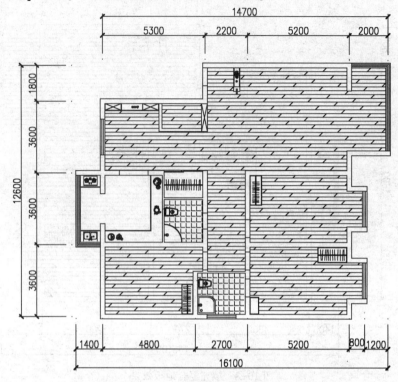，在将要填充图案的卫生间封闭图形内部单击。单击【关闭图案填充创建】按钮。填充后的图形如图 10-10 所示。

图 10-10　卫生间地面材料效果

2. 绘制厨房地面材料图

步骤如下。

（1）单击【绘图】面板中的图案填充命令按钮，弹出【图案填充创建】选项卡，如图 10-11 所示。

图 10-11　【图案填充创建】选项卡

（2）设置图案填充类型为"用户定义"，填充图案为"USER"。

（3）设置图案填充角度为 0。

（4）设置填充图案比例为 600。

（5）单击【原点】选项卡的下三角按钮，设置图案填充原点为"右上"对齐方式。

（6）单击【拾取点】按钮，在将要填充图案的厨房封闭图形内部单击。单击【关闭图案填充创建】按钮。

（7）再一次单击【绘图】面板中的图案填充命令按钮，弹出【图案填充创建】选项卡。

（8）设置图案填充类型为"用户定义"，填充图案为"USER"。

（9）设置图案填充角度为 90。

（10）设置填充图案比例为 600。

（11）单击【原点】选项卡的下三角按钮，设置图案填充原点为"右上"对齐方式。

（12）单击【拾取点】按钮，在将要填充图案的厨房封闭图形内部单击。单击【关闭图案填充创建】按钮。填充后的图形如图 10-12 所示。

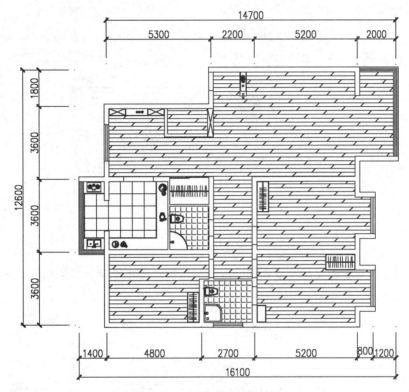

图 10-12　厨房地面材料效果

任务 10.5　标注地面材料文字说明

地面材料图中应加入文字，说明材料的名称、规格及颜色等。步骤如下。

（1）运用直线命令、圆命令、填充命令绘制文字说明索引符号，结果如图 10-13 所示。

图 10-13　文字说明索引符号

（2）单击【注释】面板中多行文字命令右侧的下三角按钮，选择单行文字命令 A|单行文字，命令行提示如下：

命令：_text
当前文字样式："汉字"　文字高度：2.5000　注释性：否　对正：左
指定文字的起点或［对正(J)/样式(S)］：　　　　　//在索引符号侧面单击
指定高度 <2.5000>:250　　　　　　　　　　　　//输入文字高度 250 并回车
指定文字的旋转角度 <0>:　　　　　　　　　　　//回车，取默认的旋转角度 0

此时，绘图区将进入文字编辑状态，输入文字"12 mm 厚复合地板"，回车换行，再一次回车结束命令即可，结果如图 10-14 所示。

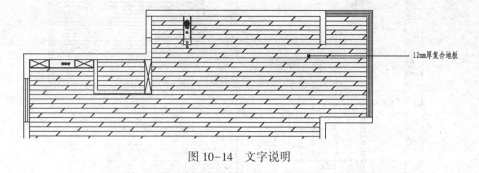

图 10-14　文字说明

（3）采用同样方法可以对其他各部分地面材料加以文字说明，结果如图 10-15 所示。

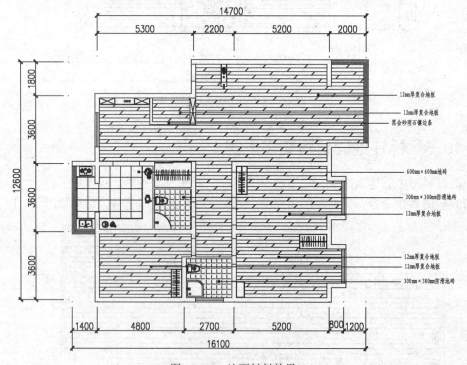

图 10-15　地面材料效果

（4）完成地面材料图的绘制，单击快速访问工具栏中的保存命令按钮，保存文件。

任务 10.6　打印输出

打印输出步骤如下。

（1）打开前面绘制完成的"地面材料图.dwg"文件为当前图形文件。

（2）单击快速访问工具栏中的打印命令按钮，弹出【打印-模型】对话框。

（3）在【打印-模型】对话框中的【打印机/绘图仪】选项区域中的【名称】下拉列表框中选择系统所使用的绘图仪类型，本任务中选择任务 8.5 中存盘的"DWG To PDF.pc3"型号的绘图仪作为当前绘图仪。

（4）在【图纸尺寸】选项区域中的【图纸尺寸】下拉列表框内选择"ISO A3（420.00 x 297.00 毫米）"图纸尺寸。

（5）在【打印比例】选项区域内勾选【布满图纸】复选框。

（6）在【图形方向】选项区域内勾选【横向】复选框。

（7）在【打印样式表（画笔指定）】选项区域内选择"monochrome.ctb"样式表。

（8）在【打印偏移（原点设置在可打印区域)】选项区域勾选【居中打印】复选框。

（9）在【打印范围】下拉列表框中选择【窗口】选项，单击右侧的【窗口】按钮，在绘图区域指定住宅楼地面材料图的左上角和右下角为窗口范围。

（10）在设置完的【打印-模型】对话框中单击【预览】按钮进行预览，结果如图 10-15 所示。

（11）如对预览结果满意，可以单击预览状态下工具栏中的打印按钮，弹出【浏览打印文件】对话框，设置文件的路径和文件名，单击【保存】按钮，即可将图纸输出为 PDF 格式的文件。

> **项目小结：**本项目着重介绍了绘制地面材料图的一般方法，并利用 AutoCAD 2024 绘制了一幅完整的地面材料图。地面材料图的绘制需要利用平面布置图中已经绘制好的墙体、窗、固定设施等图形，因此不必重新绘制，只要在平面布置图的基础上修改即可。地面材料图主要反映室内地面的材料和规格等，地面材料的表示形式没有固定的样式，但要求形象、真实，所绘制的图形比例要尽量与整个图形的比例保持一致，使整个图形看上去比较协调。

思考与练习

1. 思考题。

（1）地面材料图主要反映哪些内容？

（2）地面材料图的绘图步骤有哪几步？

（3）绘制地面材料图时有何技巧？

2. 绘制如图 10-16 所示的某住宅楼地面材料图。

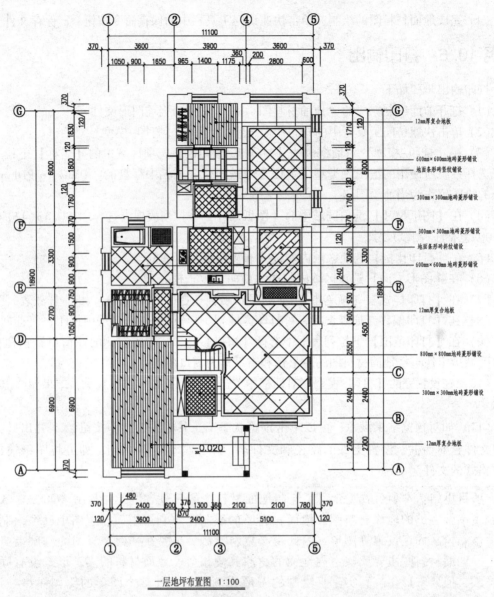

一层地坪布置图　1:100

图 10-16　某住宅楼地面材料图

项目 11　绘制住宅楼顶棚布置图

　　顶棚图是用假想水平剖切面从窗台上方把房屋剖开，移去下面的部分后，向顶棚方向正投影所生成的图形。顶棚图用于表达室内顶棚造型、灯具布置及相关电器布置，同时也反映了室内空间组合的标高关系和尺寸等。其主要内容包括顶棚造型绘制、灯具布置、文字尺寸标注、符号标注和标高等。本项目完成的住宅楼顶棚图如图 11-1 所示。

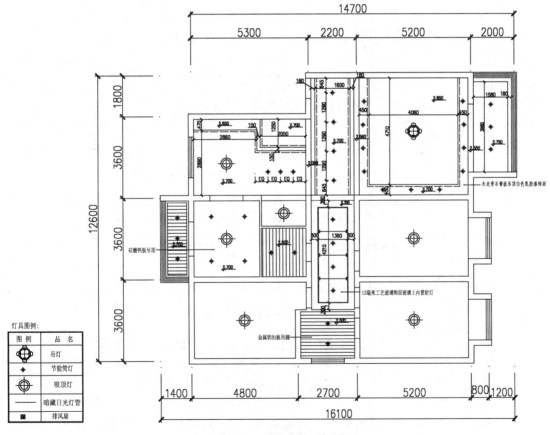

图 11-1　某住宅楼顶棚图

任务 11.1　新建图形

顶棚图的绘制需要利用平面布置图中已经绘制好的墙体图形，还需要根据平面布置图来定位灯具等相关图形，突出整体效果，因此可以在平面布置图的基础上修改。具体操作方法如下。

（1）单击快速访问工具栏中的打开按钮，弹出【选择文件】对话框。在【查找范围】下拉列表框中选择平面布置图所在的路径，在【名称】列表框中选择"平面布置图.dwg"，单击【打开】按钮，打开文件。

（2）单击快速访问工具栏中的另存为按钮，弹出【图形另存为】对话框。在【保存于】下拉列表框中选择正确的路径，在【文件名】文本框中输入文件名称"顶棚图"，单击保存命令按钮保存文件。

（3）删除图中所有家具、装饰饰物、固定设施、设备、衣柜、门厅与客厅之间的隔断等图形，结果如图 11-2 所示。

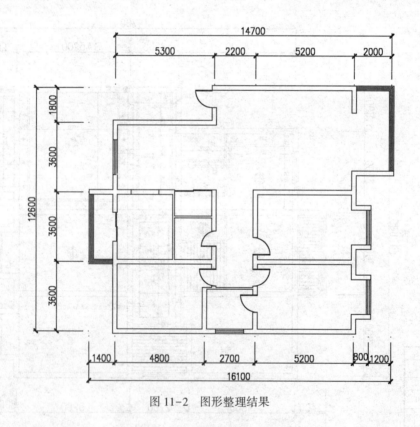

图 11-2　图形整理结果

（4）删除所有门，设置"细实线"图层为当前层，运用直线命令绘制门口线，修改之后的结果如图 11-3 所示。

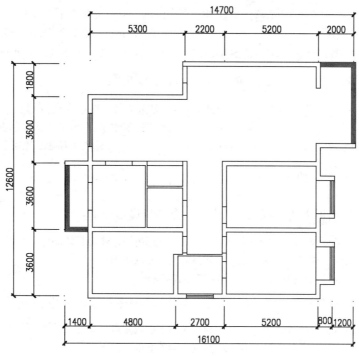

图 11-3　绘制门口线

任务 11.2　绘制灯具图例表

灯具有很多种类型，根据不同的安装方式，可以分为吸顶嵌入式、半嵌入式、悬吊式和壁式等；根据不同的照射方式可分为直射式、反射式、半直射式和半反射式等。根据房间的功能和装饰风格，可以选择不同的灯具。由于灯具没有统一的表示方法，因此绘制顶棚图前应先绘制灯具图例表。本任务所用到的灯具图例有：吊灯、吸顶灯、节能筒灯、暗藏荧光灯等。下面以如图 11-4 所示的吊灯为例介绍灯具的绘制方法，步骤如下。

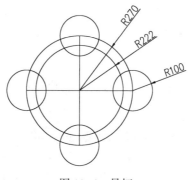

图 11-4　吊灯

1. 绘制同心圆

单击【绘图】面板中圆命令按钮下侧的下三角按钮，选择 ⊙ 圆心，半径【圆心，半径】选项，命令行提示如下：

命令：_circle 指定圆的圆心或[三点(3P)/两点(2P)/切点、切点、半径(T)]：

　　　　　　　　　　　　　　　//在绘图区内适当一点处单击,作为圆的圆心

指定圆的半径或[直径(D)]<2.5000>:270　　　　//输入半径 270 并回车

直接回车，输入上一次命令圆命令，命令行提示如下：

命令：_circle 指定圆的圆心或[三点(3P)/两点(2P)/切点、切点、半径(T)]：

　　　　　　　　　　　　　　　//捕捉刚刚绘制的圆的圆心作为小圆圆心

指定圆的半径或[直径(D)]<2.5000>:222　　　　//输入半径 222 并回车

绘制结果如图 11-5 所示。

2. 绘制直线

单击【绘图】面板中的直线命令按钮，命令行提示如下：

命令：_line 指定第一个点：　　　　//捕捉大圆左侧象限点作为直线的第一个点
指定下一点或[放弃(U)]：　　　　//捕捉大圆右侧的象限点
指定下一点或[放弃(U)]：　　　　//回车,结束命令

再一次单击【绘图】面板中的直线命令按钮，命令行提示如下：

命令：_line 指定第一个点：　　　　//捕捉大圆上端象限点作为直线的第一个点
指定下一点或[放弃(U)]：　　　　//捕捉大圆下端的象限点
指定下一点或[放弃(U)]：　　　　//回车,结束命令

绘制结果如图 11-6 所示。

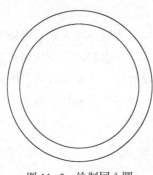　　　　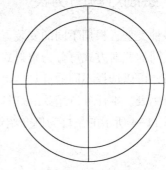

图 11-5　绘制同心圆　　　　图 11-6　绘制直线

3. 绘制小圆

单击【绘图】面板中圆命令按钮下侧的下三角按钮，选择 圆心、半径 【圆心，半径】选项，命令行提示如下：

命令：_circle 指定圆的圆心或[三点(3P)/两点(2P)/切点、切点、半径(T)]：

　　　　　　　　　　　　　　　//捕捉大圆上端象限点作为小圆圆心

指定圆的半径或[直径(D)]<2.5000>:100　　　　//输入半径 100 并回车

绘制结果如图 11-7 所示。

4. 阵列小圆

单击【修改】面板中的矩形阵列命令按钮 阵列 右侧的下三角按钮，选择环形阵列命令按钮 环形阵列，命令行提示如下：

命令：_arraypolar

选择对象：找到 1 个　　　　　　　　　　//选择半径为 100 的小圆

选择对象：　　　　　　　　　　　　　　//回车

类型 = 极轴　关联 = 是

指定阵列的中心点或［基点(B)/旋转轴(A)］：　　//捕捉大圆圆心作为阵列的中心点，弹出【阵
　　//列创建】选项卡，设置【项目】面板中的"项目数"为 4，"填充"为 360，单击【关闭阵列】按钮

选择夹点以编辑阵列或［关联(AS)/基点(B)/项目(I)/项目间角度(A)/填充角度(F)/行
(ROW)/层(L)/旋转项目(ROT)/退出(X)］<退出>：　　　　　　//显示阵列结果

绘制结果如图 11-8 所示。

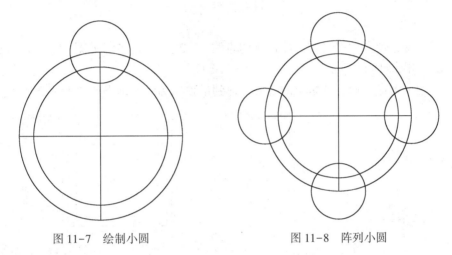

图 11-7　绘制小圆　　　　　　　　　图 11-8　阵列小圆

　　同样，可以运用各种绘图命令和修改命令绘制其他的灯具图例，在此不再讲解。灯具图
例表如图 11-9 所示。

图　例	品　名
	吊灯
	节能筒灯
	吸顶灯
——————	暗藏日光灯管
	排风扇

图 11-9　灯具图例表

任务 11.3　绘制客厅顶棚图

1. 绘制客厅吊顶造型

(1) 设置"中实线"图层为当前层。运用直线命令绘制相应的直线，结果如图 11-10 所
示，这些直线两侧吊顶的高度不同。

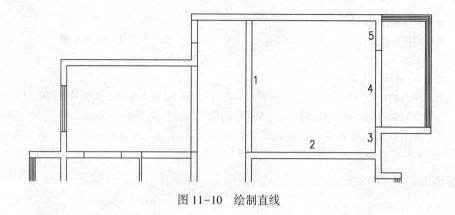

图 11-10　绘制直线

（2）运用偏移命令偏移复制客厅顶棚的直线 1、2、3、4、5（见图 11-10），偏移距离为 450，结果如图 11-11 所示。

（3）运用修剪命令修剪掉多余的线段，得到吊顶轮廓线，结果如图 11-12 所示。

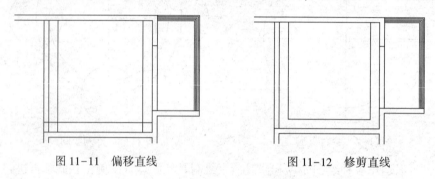

图 11-11　偏移直线　　　　　　　　图 11-12　修剪直线

（4）运用偏移命令向内偏移复制图 11-12 中的吊顶轮廓线，偏移距离为 80，并运用延伸命令修改线段，最后得到灯带。由于灯带位于灯槽内，在顶棚平面图中不可见，因此需要将其转换为"细虚线"图层，结果如图 11-13 所示。

2. 绘制阳台吊顶造型

运用偏移命令向内偏移复制阳台内轮廓线，偏移距离为 180，得到阳台吊顶轮廓线。将阳台吊顶轮廓线转换到"中实线"图层，结果如图 11-14 所示。

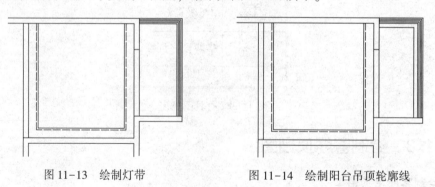

图 11-13　绘制灯带　　　　　　　　图 11-14　绘制阳台吊顶轮廓线

3. 布置灯具

（1）插入客厅吊灯。选择灯具图例表中的吊灯图例，选择菜单栏中的【编辑】|【带基

点复制】命令，指定吊灯的正中间点为基点，则吊灯的所有对象被复制到剪贴板上。

（2）选择菜单栏中的【编辑】|【粘贴】命令，将吊灯复制到客厅的正中间。绘制结果如图 11-15 所示。

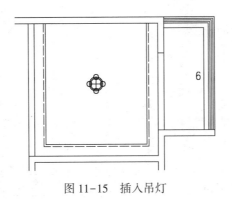

图 11-15　插入吊灯

（3）插入阳台节能筒灯。步骤如下。

① 单击【修改】面板中的分解命令按钮□，命令行提示如下：

命令:_explode
选择对象:找到 1 个　　　　　　　　　//选择阳台吊顶轮廓线
选择对象:　　　　　　　　　　　　　//回车,结束命令,将多段线分解成直线

② 单击菜单栏中的【绘图】|【点】|【定数等分】命令，命令行提示如下：

命令:_divide
选择要定数等分的对象:　　　　　　　//选择直线 6(见图 11-15)
输入线段数目或[块(B)]:4　　　　　//输入线段数目 4 并回车,插入 3 个点

③ 选择菜单栏中的【格式】|【点样式】命令，弹出【点样式】对话框，如图 11-16 所示。选择第一行第四列的点样式，单击【确定】按钮。阳台上的点样式显示如图 11-17 所示。

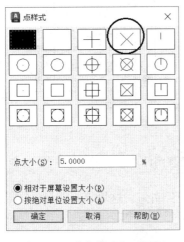

图 11-16　【点样式】对话框

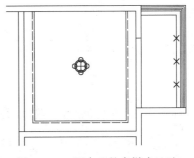

图 11-17　阳台上的点样式显示

④ 设置"端点""中点""节点""圆心"捕捉方式。选择灯具图例表中的节能筒灯图例，并复制到阳台吊顶的相应位置，删除辅助节点，结果如图 11-18 所示。

⑤ 同样，可以插入客厅吊顶的其他节能筒灯，结果如图 11-19 所示。

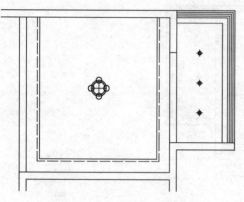

图 11-18　插入阳台节能筒灯

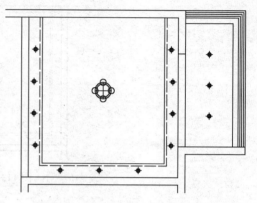

图 11-19　插入客厅节能筒灯

4. 标注尺寸、标高和文字说明

在顶棚图中，需要说明各顶棚规格尺寸、材料名称、顶棚做法，并注明顶棚标高，以方便施工人员施工。

（1）设置"尺寸标注"图层为当前层，运用线性命令、连续命令等标注尺寸，结果如图 11-20 所示。

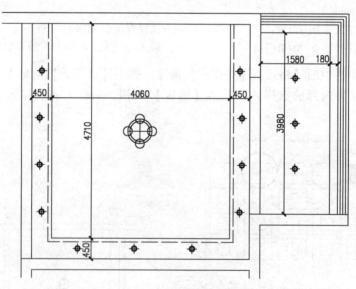

图 11-20　标注客厅顶棚图尺寸

（2）标高和材料标注的绘制方法在前面项目中已经讲过，这里不再重复，结果如图 11-21 所示。

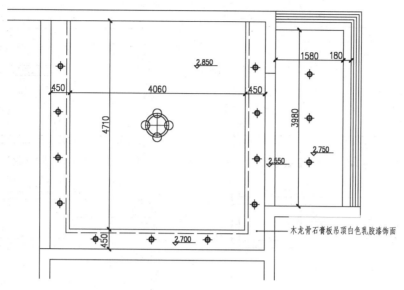

图 11-21　标注客厅顶棚图标高和材料做法

任务 11.4　绘制餐厅顶棚图

1. 绘制餐厅吊顶造型

（1）设置"中实线"图层为当前层。运用直线命令绘制相应的直线，结果如图 11-22 所示。

（2）运用偏移命令向下偏移复制直线 1，偏移距离为 470，向左偏移复制直线 2，偏移距离为 150，向下偏移复制直线 3，偏移距离为 150，结果如图 11-23 所示。

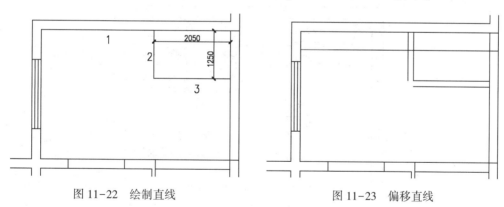

图 11-22　绘制直线　　　　　　　　　　　图 11-23　偏移直线

（3）运用修剪命令、延伸命令等修改直线，如图 11-24 所示，得到餐厅吊顶轮廓线。

2. 制作灯带

（1）运用偏移命令将图 11-24 中的直线 4 向下偏移，直线 5 向左偏移，直线 6 向下偏移，直线 7 向右偏移，直线 8 向上偏移，距离均为 80，结果如图 11-25 所示。

（2）运用修剪命令、延伸命令等修改偏移出的线段，结果如图 11-26 所示。

（3）因为灯带在顶视图中不可见，因此选择所有的灯带线，将其转换到"细虚线"图层，结果如图 11-27 所示。

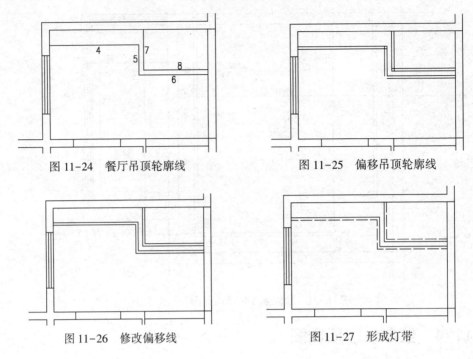

图 11-24　餐厅吊顶轮廓线　　　　　　　图 11-25　偏移吊顶轮廓线

图 11-26　修改偏移线　　　　　　　图 11-27　形成灯带

3. 插入灯具

（1）餐厅上方插入一盏吸顶灯，餐厅与过廊中间插入三盏节能吸顶灯。尺寸标注和标高的标注方法与前面所讲述方法相同，结果如图 11-28 所示。这里只介绍节能吸顶灯的标注方法。

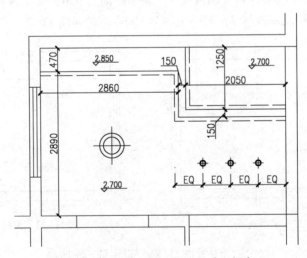

图 11-28　插入灯具、标注尺寸和标高

（2）运用直线命令绘制两条辅助线，结果如图 11-29 所示。

（3）选择菜单栏中的【标注】|【线性】命令，命令行提示如下：

命令：_dimlinear
指定第一个尺寸界线原点或<选择对象>：　　　　　//捕捉 A 点（见图 11-29）
指定第二条尺寸界线原点：　　　　　　　　　　//捕捉 B 点（见图 11-29）

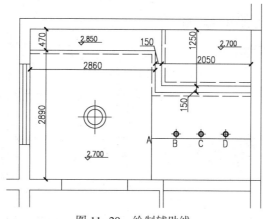

图 11-29　绘制辅助线

指定尺寸线位置或

［多行文字(M)/文字(T)/角度(A)/水平(H)/垂直(V)/旋转(R)］:m

　　　　//输入 m 并回车选择【多行文字(M)】选项,弹出【文字编辑器】对话框,将文字内容

　　　　//修改为"EQ",代表尺寸相等,单击【关闭文字编辑器】按钮

指定尺寸线位置或　　　　　　　　　　//指定尺寸标注位置

［多行文字(M)/文字(T)/角度(A)/水平(H)/垂直(V)/旋转(R)］:

标注文字 = 519

　　(4) 修改尺寸标注属性。选择刚刚绘制的尺寸标注,呈现夹点编辑状态,选择菜单栏中的【修改】|【特性】命令,弹出【特性】对话框,选择【调整】选项卡,修改"标注全局比例"值为 40,如图 11-30 所示,单击关闭按钮 $\times$ 关闭【特性】对话框。线性标注结果如图 11-31 所示。

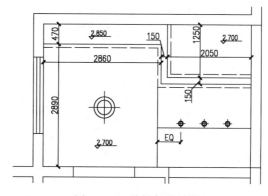

图 11-30　【特性】对话框　　　　图 11-31　线性标注结果

　　(5) 运用复制命令复制尺寸标注,并删除辅助线,结果参见图 11-28。

任务 11.5　绘制过廊顶棚图

绘制过廊顶棚图步骤如下。

（1）设置"中实线"图层为当前层。运用直线命令绘制隔断线，结果如图 11-32 所示。

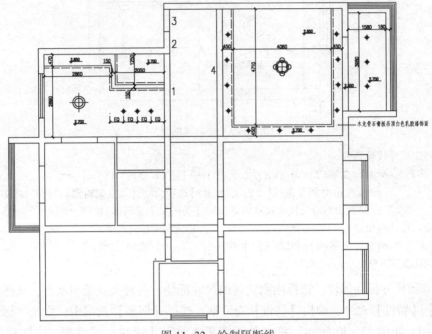

图 11-32　绘制隔断线

（2）运用偏移复制命令将图 11-32 中的直线 1、2、3 向右偏移复制，将直线 4 向左偏移复制，距离均为 180，得到吊顶轮廓线，结果如图 11-33 所示。

（3）将左侧的吊顶轮廓线向右偏移 80，右侧的吊顶轮廓线向左偏移 80，得到灯带，将得到的灯带转换到"细虚线"图层，结果如图 11-34 所示。

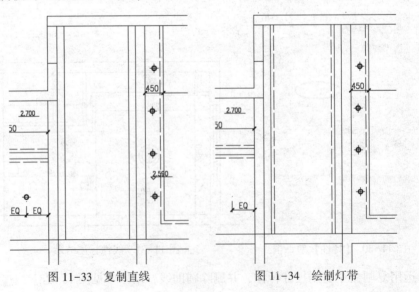

图 11-33　复制直线　　　　　图 11-34　绘制灯带

（4）插入灯具，标注尺寸和标高，完成过廊上半部分的绘制，结果如图 11-35 所示。过程略。

（5）过廊下部吊顶绘制方法与前面讲述的基本相同，这里不再重复，结果如图 11-36 所示。

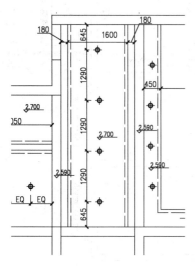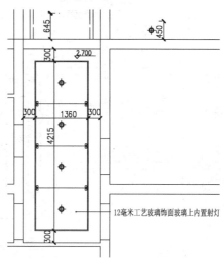

图 11-35 过廊上部吊顶   图 11-36 过廊下部吊顶

任务 11.6 绘制卫生间顶棚图

绘制卫生间顶棚图步骤如下。

（1）设置"填充"图层为当前层。单击【绘图】面板中的图案填充命令按钮，弹出【图案填充创建】选项卡，如图 11-37 所示。设置图案填充类型为"用户定义"，填充图案为"USER"。设置图案填充角度为"0"。设置填充图案比例为"150"。单击【原点】选项卡的下三角按钮，设置图案填充原点为"右上"对齐方式。单击【拾取点】按钮，在将要填充图案的卫生间封闭图形内部单击。单击【关闭图案填充创建】按钮。填充后的图形如图 11-38 所示。

图 11-37 【图案填充创建】选项卡

（2）同样，运用图案填充命令绘制另一个卫生间顶棚。单击【绘图】面板中的图案填充命令按钮，弹出【图案填充创建】选项卡。设置图案填充类型为"用户定义"，填充图案为"USER"。设置图案填充角度为"90"。设置填充图案比例为"150"。单击【原点】选项卡的下三角按钮，设置图案填充原点为"右上"对齐方式。单击【拾取点】按钮，在将要填充图案的卫生间封闭图形内部单击。单击【关闭图案填充创建】按钮。

（3）插入灯具，标注尺寸和标高，完成卫生间顶棚的绘制，结果如图 11-39 所示。过程略。

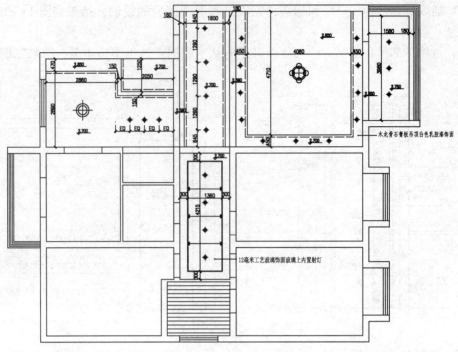

图 11-38　卫生间金属铝扣板吊棚

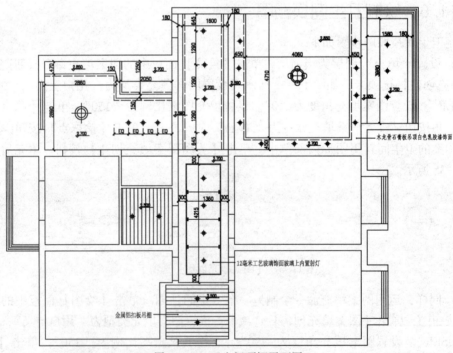

图 11-39　卫生间顶棚平面图

任务 11.7　绘制其他房间顶棚图

（1）本任务中的卧室和储物间顶棚均无造型，只需插入吸顶灯即可。厨房为硅酸钙板吊顶，与厨房相连的阳台用金属铝扣板吊棚，绘制方法比较简单，这里不再重复。绘制结果如图 11-40 所示。

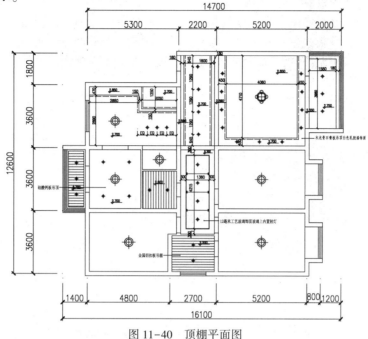

图 11-40　顶棚平面图

（2）完成顶棚平面图的绘制，单击快速访问工具栏中的保存命令按钮，保存文件。

任务 11.8　打印输出

打印输出步骤如下。

（1）打开前面绘制完成的"顶棚图.dwg"文件为当前图形文件。

（2）单击快速访问工具栏中的打印命令按钮，弹出【打印-模型】对话框。

（3）在【打印-模型】对话框中的【打印机/绘图仪】选项区域中的【名称】下拉列表框中选择系统所使用的绘图仪类型，本任务中选择任务 8.5 中存盘的"DWG To PDF.pc3"型号的绘图仪作为当前绘图仪。

（4）在【图纸尺寸】选项区域中的【图纸尺寸】下拉列表框内选择"ISO A3（420.00 x 297.00 毫米）"图纸尺寸。

（5）在【打印比例】选项区域内勾选【布满图纸】复选框。

（6）在【图形方向】选项区域内勾选【横向】复选框。

（7）在【打印样式表（画笔指定）】选项区域内选择"monochrome.ctb"样式表。

（8）在【打印偏移（原点设置在可打印区域）】选项区域勾选【居中打印】复选框。

（9）在【打印范围】下拉列表框中选择【窗口】选项，单击右侧的【窗口】按钮，在绘图区域指定住宅楼顶棚布置图的左上角和右下角为窗口范围。

（10）在设置完的【打印-模型】对话框中单击【预览】按钮进行预览。

（11）如对预览结果满意，可以单击预览状态下工具栏中的打印按钮，弹出【浏览打印文件】对话框，设置文件的路径和文件名，单击【保存】按钮，即可将图纸输出为

PDF 格式的文件。

> **项目小结：**本项目着重介绍了绘制顶棚平面图的一般方法，并利用 AutoCAD 2024 绘制了一幅完整的顶棚平面图。顶棚平面图的绘制需要利用平面布置图中已经绘制好的墙体等图形，因此不必重新绘制，只要在平面布置图的基础上修改即可。顶棚平面图应与平面布置图上下呼应，协调统一，光线应均匀照射，灯具的数量可增加，但总功率应不变。

思考与练习

1. 思考题。

（1）顶棚平面图主要反映哪些内容？

（2）顶棚平面图对线型有何要求？

（3）顶棚平面图中哪些位置应标注标高？

2. 绘制如图 11-41 所示的某住宅楼顶棚图。

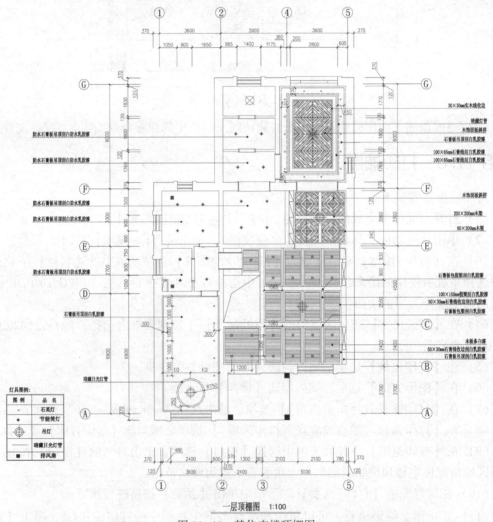

图 11-41　某住宅楼顶棚图

项目 12　绘制电视背景墙立面图

　　立面图体现室内各垂直空间的形状、装修做法及各种陈设的位置、大小等，是施工人员进行施工时很重要的参考图纸图样。绘制立面图时，可以运用相应的绘图、修改命令直接绘制，也可以在平面布置图的基础上，根据投影法进行绘制。本项目完成的电视背景墙立面图如图 12-1 所示。

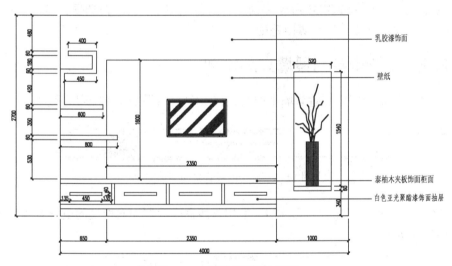

图 12-1　电视背景墙立面图

任务 12.1　新建图形

　　绘制立面图时，可以在平面布置图的基础上，运用投影法绘制轮廓线。具体操作方法如下。

　　（1）单击快速访问工具栏中的打开按钮，弹出【选择文件】对话框。在【查找范围】下拉列表框中选择平面布置图所在的路径，在【名称】列表框中选择"平面布置图 .dwg"，单击【打开】按钮，打开文件。

　　（2）单击快速访问工具栏中的另存为按钮，弹出【图形另存为】对话框。在【保存于】下拉列表框中选择正确的路径，在【文件名】文本框中输入文件名称"电视背景墙立面图"，单击保存命令按钮保存文件。

（3）运用删除命令删除电视背景墙之外的图形，只保留电视背景墙作为绘制立面图的辅助图形，结果如图 12-2 所示。

图 12-2　电视背景墙平面图

（4）设置绘图区域。选择下拉菜单栏中的【格式】|【图形界限】命令，命令行提示如下：

命令：'_limits
重新设置模型空间界限：
指定左下角点或 [开 (ON)/关 (OFF)] <0.0000,0.0000>：

　　　　　　　　　　　　　　　　　//回车，默认左下角坐标为坐标原点
指定右上角点 <420.0000,297.0000>：8400,5940

　　　　　　　　　　　　　　　　　//指定右上角坐标为"8400,5940"

（5）在命令行中输入 ZOOM 命令并回车，选择【全部（A）】选项，显示幅面全部范围，并将电视背景墙移动到图形界限范围内。

任务 12.2　绘制电视背景墙立面轮廓

（1）运用旋转命令将电视背景墙平面图旋转 180°，结果如图 12-3 所示。

图 12-3　旋转电视背景墙平面图

（2）将"中实线"图层置为当前层，运用直线命令绘制左右两端的电视背景墙轮廓线，结果如图 12-4 所示。

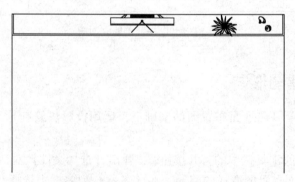

图 12-4　绘制电视背景墙轮廓线

（3）将"粗实线"图层置为当前，绘制地面线，并在"中实线"图层绘制电视背景墙顶部轮廓线，电视背景墙高 2 700 mm。运用修剪命令修改图形，得到电视背景墙外部轮廓线，结果如图 12-5 所示。

图 12-5　绘制电视背景墙外轮廓线

任务 12.3　绘制电视背景墙内部图形

（1）将"中实线"图层置为当前层，运用直线命令绘制分隔线，结果如图 12-6 所示。

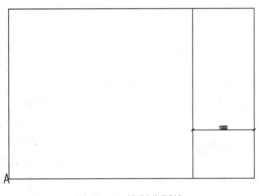

图 12-6　绘制分隔线

（2）绘制抽屉。

① 单击【绘图】面板中的直线命令按钮 ，命令行提示如下：

　　命令：_line 指定第一个点：100　　　//从 A 点（见图 12-6）垂直向上追踪 100 得到 B 点
　　指定下一点或［放弃（U）］：　　　　//沿水平向右方向与分隔线取交点 C
　　指定下一点或［放弃（U）］：　　　　//回车，结束命令

绘制完成的图如图 12-7 所示。

② 单击【修改】面板中的偏移命令按钮 ，命令行提示如下：

　　命令：_offset
　　当前设置：删除源＝否　　图层＝源　　OFFSETGAPTYPE＝0
　　指定偏移距离或［通过（T）/删除（E）/图层（L）］＜通过＞：　60　　//输入偏移距离 60 并回车
　　选择要偏移的对象，或［退出（E）/放弃（U）］＜退出＞：　　　　//选择直线 BC

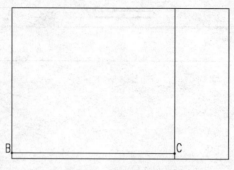

图 12-7　绘制抽屉下边线

指定要偏移的那一侧上的点,或[退出(E)/多个(M)/放弃(U)]<退出>:
　　　　　　　　　　　　　　　　　　//在上侧单击,复制出 DE

选择要偏移的对象,或[退出(E)/放弃(U)]<退出>:　　//回车,结束命令

命令：OFFSET　　　　　　　　　　　　　//回车,输入上一次偏移命令

当前设置:删除源=否　图层=源　OFFSETGAPTYPE=0

指定偏移距离或[通过(T)/删除(E)/图层(L)]<60.0000>:　280
　　　　　　　　　　　　　　　　　　//输入偏移距离 280 并回车

选择要偏移的对象,或[退出(E)/放弃(U)]<退出>:
　　　　　　　　　　　　　　　　　　//选择上一次偏移复制出的直线 DE

指定要偏移的那一侧上的点,或[退出(E)/多个(M)/放弃(U)]<退出>:　//在上侧单击

选择要偏移的对象,或[退出(E)/放弃(U)]<退出>:　　　　//回车,结束命令

命令：OFFSET　　　　　　　　　　　　　//回车,输入上一次偏移命令

当前设置:删除源=否　图层=源　OFFSETGAPTYPE=0

指定偏移距离或[通过(T)/删除(E)/图层(L)]<280.0000>:　60
　　　　　　　　　　　　　　　　　　//输入偏移距离 60 并回车

选择要偏移的对象,或[退出(E)/放弃(U)]<退出>:　　//选择上一次偏移复制出的直线

指定要偏移的那一侧上的点,或[退出(E)/多个(M)/放弃(U)]<退出>:　//在上侧单击

选择要偏移的对象,或[退出(E)/放弃(U)]<退出>:　　//回车,结束命令

结果如图 12-8 所示。

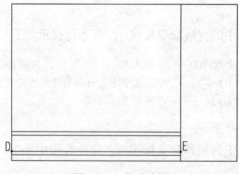

图 12-8　偏移直线

③ 选择直线 DE,呈现蓝色夹点编辑状态。单击 D 点的蓝色夹点,使其变成红色热点,沿水平向左方向移动鼠标,如图 12-9 所示,输入距离 20 并回车;单击 E 点的蓝色夹点,

使其变成红色热点，沿水平向右方向移动鼠标，输入距离 20 并回车。按 Esc 键，退出夹点编辑状态。

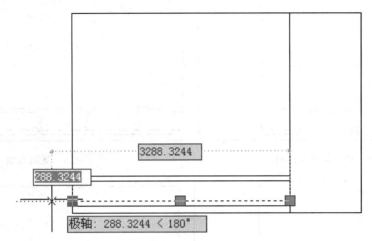

图 12-9 拉伸直线 DE

④ 选择菜单栏中的【绘图】|【点】|【定数等分】命令，命令行提示如下：

> 命令:_divide
> 选择要定数等分的对象： //选择拉伸之后的直线 DE
> 输入线段数目或[块(B)]:4 //输入线段数目 4 并回车

结果如图 12-10 所示。

⑤ 运用直线命令，结合"节点"捕捉绘制直线，结果如图 12-11 所示。

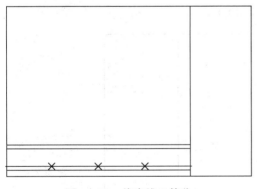

图 12-10 将直线 4 等分

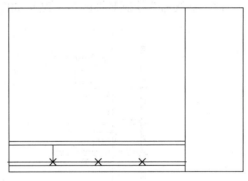

图 12-11 绘制直线

⑥ 运用偏移命令分别向左、向右偏移复制刚刚绘制的直线，偏移距离为 20，再运用删除命令删除中间的直线，结果如图 12-12 所示。

⑦ 运用复制命令复制两条垂直线，复制的基点选择左侧第一个节点，复制第二个点依次选择右侧另两个节点，结果如图 12-13 所示。

⑧ 运用删除命令删除节点，并调整拉伸后的直线 DE，结果如图 12-14 所示。

⑨ 运用矩形命令绘制抽屉把手，并运用复制命令复制其他矩形把手，结果如图 12-15 所示。

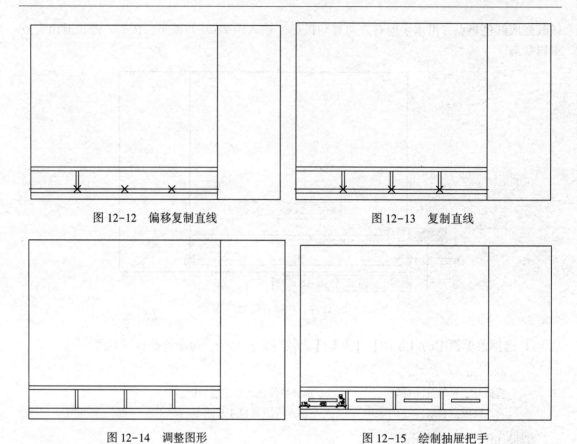

图 12-12　偏移复制直线　　　　　　　　　图 12-13　复制直线

图 12-14　调整图形　　　　　　　　　　图 12-15　绘制抽屉把手

（3）绘制装饰隔板。

运用直线命令绘制装饰隔板，结果如图 12-16 所示。

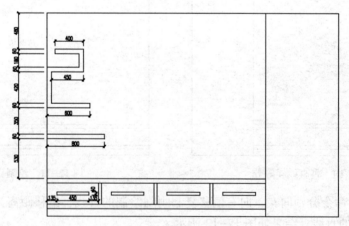

图 12-16　绘制装饰隔板

（4）绘制壁纸和龛。

运用直线命令、矩形命令、修剪命令等绘制壁纸和龛，结果如图 12-17 所示。

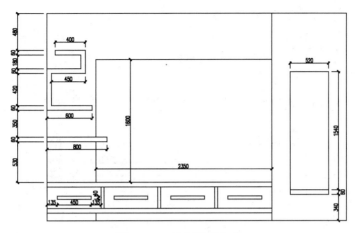

图 12-17 绘制壁纸和宠

任务 12.4 插入图块

插入图块步骤如下。

（1）单击快速访问工具栏中的打开按钮 ，弹出【选择文件】对话框。在【查找范围】下拉列表框中选择"电视机立面图 . dwg"所在的路径，在【名称】列表框中选择"电视机立面图 . dwg"，单击【打开】按钮，打开文件。

（2）选择菜单栏中的【编辑】|【全部选择】命令，选择组成电视机立面图的所有对象。

（3）选择菜单栏中的【编辑】|【带基点复制】命令，指定电视机立面图的右下角点为基点，则电视机立面图的所有对象被复制到剪贴板上。

（4）单击【窗口】菜单，选择"电视背景墙立面图"，将窗口切换到"电视背景墙立面图 . dwg"。选择菜单栏中的【编辑】|【粘贴】命令，将电视机立面图复制到合适位置，结果如图 12-18 所示。

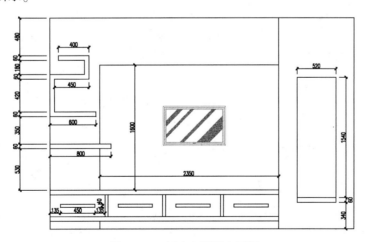

图 12-18 插入电视机立面图

（5）同样，可以插入花瓶立面图，结果如图 12-19 所示。

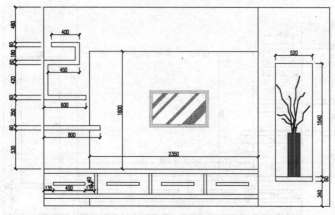

图 12-19　插入花瓶立面图

任务 12.5　标注尺寸和材料说明

（1）设置"立面"标注样式。

① 选择下拉菜单栏中的【标注】|【标注样式】命令，弹出【标注样式管理器】对话框。单击【新建】按钮，弹出【创建新标注样式】对话框，选择【基础样式】为"建筑"，在【新样式名】文本框中输入"立面"样式名，如图 12-20 所示。

② 单击【继续】按钮，将弹出【新建标注样式：立面】对话框。单击【调整】选项卡，在【标注特性比例】选项区域中，将"使用全局比例"设置为 20，如图 12-21 所示。

图 12-20　【创建新标注样式】对话框

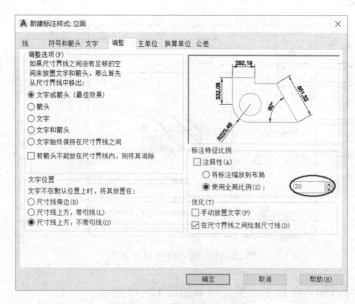

图 12-21　【调整】选项卡

③ 单击【确定】按钮，回到【标注样式管理器】对话框。单击【置为当前】按钮，将"立面"标注样式置为当前样式，单击【关闭】按钮。

（2）分别在水平方向和垂直方向进行标注，并运用文字命令、直线命令等书写材料说明，结果如图 12-22 所示。

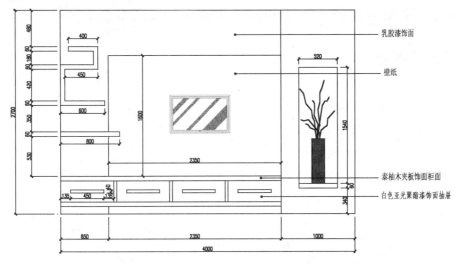

图 12-22　标注尺寸和材料

（3）完成电视背景墙立面图的绘制，单击快速访问工具栏中的保存命令按钮，保存文件。

任务 12.6　打印输出

打印输出步骤如下。

（1）打开前面绘制完成的"电视背景墙立面图.dwg"文件为当前图形文件。

（2）单击快速访问工具栏中的打印命令按钮，弹出【打印-模型】对话框。

（3）在【打印-模型】对话框中的【打印机/绘图仪】选项区域中的【名称】下拉列表框中选择系统所使用的绘图仪类型，本任务选择任务 8.5 中存盘的"DWG To PDF.pc3"型号的绘图仪作为当前绘图仪。

（4）在【图纸尺寸】选项区域中的【图纸尺寸】下拉列表框内选择"ISO A3（420.00 x 297.00 毫米）"图纸尺寸。

（5）在【打印比例】选项区域内勾选【布满图纸】复选框。

（6）在【图形方向】选项区域内勾选【横向】复选框。

（7）在【打印样式表（画笔指定）】选项区域内选择"monochrome.ctb"样式表。

（8）在【打印偏移（原点设置在可打印区域）】选项区域勾选【居中打印】复选框。

（9）在【打印范围】下拉列表框中选择【窗口】选项，单击右侧的【窗口】按钮，在绘图区域指定电视背景墙立面图的左上角和右下角为窗口范围。

（10）在设置完的【打印-模型】对话框中单击【预览】按钮进行预览。

（11）如对预览结果满意，可以单击预览状态下工具栏中的打印按钮，弹出【浏览打印文件】对话框，设置文件的路径和文件名，单击【保存】按钮，即可将图纸输出为 PDF 格式的文件。

> **项目小结**：本项目着重介绍了绘制室内立面图的一般方法。绘制立面图时，可以运用投影法绘制，使用投影法能使图形更加精确，且无须进行太多尺寸的计算，能快速提高绘图速度；也可以根据相应的尺寸，运用各种绘图命令和修改命令直接绘制。

思考与练习

1. 思考题。

（1）立面图主要反映哪些内容？

（2）立面图中的线型及线宽如何规定？

（3）绘制立面图时有何技巧？

2. 绘制如图 12-23 所示的卫生间立面图。

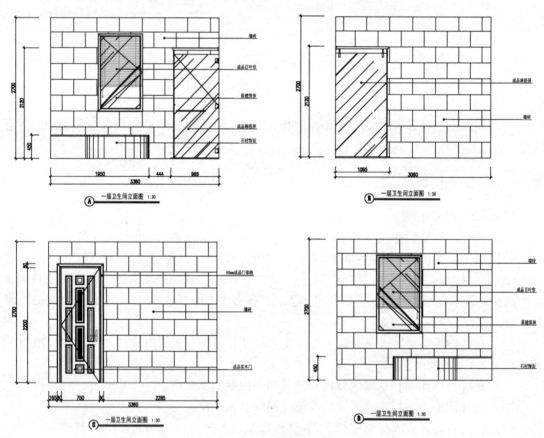

图 12-23　卫生间立面图

参 考 文 献

［1］高志清．AutoCAD 建筑设计培训教程．北京：中国水利水电出版社，2004．

［2］胡仁喜．AutoCAD 2006 中文版室内装潢设计．北京：中国建筑工业出版社，2005．

［3］阵志民．AutoCAD 2006 室内装潢设计实例教程．北京：机械工业出版社，2006．

［4］王芳，李井永．AutoCAD 2010 建筑制图实例教程．北京：北京交通大学出版社，2010．

［5］高志清．AutoCAD 建筑设计上机培训．北京：人民邮电出版社，2003．

［6］谢世源．AutoCAD 2009 建筑设计综合应用宝典．北京：机械工业出版社，2008．

［7］雷军．中文版 AutoCAD 2006 建筑图形设计．北京：清华大学出版社，2005．

［8］王立新．AutoCAD 2009 中文版标准教程．北京：清华大学出版社，2008．

［9］王静，马文娟．AutoCAD 2008 建筑装饰设计制图实例教程．北京：中国水利水电出版社，2008．

［10］林彦，史向荣，李波．AutoCAD 2009 建筑与室内装饰设计实例精解．北京：机械工业出版社，2009．

［11］李燕．建筑装饰制图与识图．北京：机械工业出版社，2009．

［12］沈百禄．建筑装饰装修工程制图与识图．北京：机械工业出版社，2010．

［13］王芳，刘萍．AutoCAD 2021 室内装饰制图项目化教程．北京：北京交通大学出版社，2021．

参 考 文 献

[1] 　　　　AutoCAD　　　　　　　　　　　　　　　　2008.
[2] 　　　　AutoCAD 2009　　　　　　　　　　　　　　　　　　　　2009.
[3] 　　　　AutoCAD 2010　　　　　　　　　　　　　　　　　　　　　2009.
[4] 　　　　AutoCAD 2010　　　　　　　　　　　　　　　　　　　　　2010.
[5] 　　　　AutoCAD　　　　　　　　　　　　　　　　　　　2011.
[6] 　　　　AutoCAD 2009　　　　　　　　　　　　　　　　　　　　2009.
[7] 　　　　AutoCAD 2010　　　　　　　　　　　　　　　　　　　　2009.
[8] 　　　　AD 2009　　　　　　　　　　　　　　　　　　　　2009.
[9] 　　　　AutoCAD 2009　　　　　　　　　　　　　　　　　　　　2008.
[10]　　　　AutoCAD 2009　　　　　　　　　　　　　　　　　　　2009.
[11]　　　　CAD　　　　　　　　　　　　　　　2010.
[12]　　　　　　　　　　　　　　　　　　　　2010.
[13]　　　　AutoCAD　　　　　　　　　　　　　　　　　　　2010.